李 小丢 ——

著

你须
寻得所爱

中国友谊出版公司

这个社会不可能提供一份人人适用的希望给你，

然而你需要争取的是别人所无法共同拥有，

只属于你个人的希望。

你选择了什么，

就必然会放弃什么，

没有什么值不值得，

一切只是看你能否承担起选择的结果而已。

Find What You Love

每个人接纳自己的不完美并且不再为此焦虑的时候，

才是最美的时候。

Find What You Love

—

婚姻和孩子都是人生可选项，不是必选项。

她们成为"剩女"，不是因为被剩下了，

而是因为在可选项之外，一个人的人生也可以很

美好，并且充满了各式各样的可能性。

序

你须寻得所爱，并为之守望

　　在键盘上敲下标题这几个字的时候，我长舒了一口气，心情是兴奋而又惶恐的。第一本真正意义上的个人文集终于结集出版了，于我来说就像梦一样不真切。

　　真的吗？我写的文字真的有人会买回家放在书架上，闲暇时细细品读吗？然而兴奋是短暂的，惶恐却是长久的。我惶恐的是，生怕翻开这本书的你，会对我的文字失望。

　　惶恐，是我很久以前开始写文章的时候，就一直笼罩我的感觉。作为一个热爱阅读的女孩子，成长过程中陪伴我的是无数睿智的头脑和经得起时代考验的动人文字，相比起来，我的文字远远达不到我审美观念中"好"的标准。

　　很少有人能理解读到一本好书时我心中那种甜蜜的痛楚，甜蜜的是我能阅读到这样好的文字真是莫大的幸福，痛的是深知自己无法写出如此精妙的文字而产生的绝望。第一次有这样绝望的感觉，还得追溯到初中时代，不知天高地厚的我爱上了作诗，一天要写好几首，古体诗近体诗现代诗都写——打油诗水准。直到我读到顾城8岁时写的诗作《杨树》，"我失去了一只臂膀／就睁开了一只眼睛。"

这一句诗，就让我从此绝了写诗的念头，不仅形神兼备，而且蕴含着对生活深刻的观察，杨树被砍下一节枝条，树干上就会多一枚眼睛式的伤痕。这种我熟视无睹的细节，却被8岁的顾城看到并写得那么美。我终于确定了，我不是个有写作天分的人，因为我没有开"天眼"。

这种认知在之前隐约有过，但是从来不如这一次给我的震撼那么大。因为之前看过的很多名著，作者年纪都比我大，我理所当然地认为，他们自然比年少的我写得好，等我到那个年纪，也会写得那么好。显然，我把写作这回事想得太简单了。

那种感觉，就像是你有个去打NBA的梦想，但是你到18岁都只长到一米八的绝望。我那个从小就有的当作家出书的梦想，看起来就像大多数人的童年梦想一样，还没开花就要夭折了。但是，之所以今天你能看到这本书，是因为我明知现实如此，却偏要勉强。

《倚天屠龙记》中赵敏"抢亲"那一节，范遥对赵敏说："郡主，世上不如意事十居八九，既然如此，也是勉强不来了。"赵敏道："我偏要勉强。"如果真是心中所爱，岂能因为一时的困境就轻言放弃？就算配不上自己的梦想，我也要勉力一试，否则到底是不甘心的。

因为发现了自己的短处是不擅长于观察和描述生活细节，所以我这么多年来，没写过故事，也没讲过"我有一个朋友"。我的文章，大多都是评论型的文章。这也是我一开始选择主攻书评的原因，做不了俞伯牙，起码得是个钟子期吧？就算我写不出经典的文字，起码要懂得去欣赏。

写作对我来说是个技术工种，也是个体力活，我基本上没有靠灵感写作过。在学业最繁忙的高中时代，我也给自己定下了一天一千字的写作计划，不许以没有灵感为借口而不写——现在我家里还有满满一抽屉当年的练笔册子。现在很多读者都说我"三观正"，你们不知道的是，稚嫩奇葩到不忍直视的三观都藏在抽屉里呢。

有人说，不要拿爱好当事业，否则爱好最终会变成为折磨你的东西。我想，那一定不是真爱，真爱有那种让你痛并快乐着的强大力量，就算被折磨，也心甘情愿。

大学毕业时的我对自己的文字依旧是惶恐的，我没有自信可以靠文字养活自己，只能尽力去找和写作沾边的工作。我进入了当时正值上升期的房地产行业，网站编辑、策划、文案都做过，我的文字变成了楼书、围挡、道旗、软文、电台广播稿……但是，事业小有成就所带来的满足感远远不能冲淡我内心的空虚感：我仅仅是在活着，活着而已。而做自己爱做的事时所燃烧的激情，才会让人真的感觉到心脏的跳动。

史蒂夫·乔布斯于2005年6月12日在斯坦福大学学生毕业典礼上发表的演讲《你须寻得所爱》中说，"你的工作将构成你生活的大部分，而唯一能让你真正从工作中得到满足的办法就是爱你所做的事。我知道，唯一支撑我前进的东西就是：我爱我所做的事。你必须找到你所爱的东西。这句话不仅适用于你的工作，也同样适用于你的恋爱。"

所以我又开始利用空闲时间写作，因为我确定，那就是我所爱的东西。在不到四年的时间里，我写了三百多篇书评。原先只是为了给自己的人生赋予更多意义的举动，就这样改变了我的生活轨迹。写作给我带来的自信让我得以成为今天的我，我终于可以靠写作养活自己，并且在家人的支持和理解下辞掉了工作专职写作，而那之后的每一天，我都为自己的这个决定感到骄傲。

这么多年来坚持不懈地写作不仅让我认识了更多的朋友，得到了更多的机会，更重要的是它重塑了我的人生和文字。

这些年来我文章中女性主义的倾向越来越重，因为"独立自主的女性"对我来说已经不再是一个空洞的符号，而是我逐渐在接近和成为的形象。我知道她们的困惑和思考，她们的梦想和坚持，只因我也是这样一步一步走过来的。

而我的文字，尽管我依然对它们不满意，但是已经比一开始的无病呻吟好了很多。我逐渐懂得，要写出一言道破内心的文字，依靠的不仅仅是天赋，还有人生阅历的丰富和写作经验的积累。这些要素都比天赋要更容易让作者得以接近生活的真相，所以我从来不介意自己起步得太晚，走得太慢。

因为做自己喜欢做的事情，是一辈子的事，一辈子很长，慢慢来，"求知若渴，虚怀若愚（Stay hungry, stay foolish）。"我一直希望自己做到这样。感谢你翻开这本书，它也许不够完美，但它已经是现阶段我能拿出的最好作品，衷心希望你能喜欢它。

最后感谢我的父母和我高中时代的老师们，没有你们的睁一只眼闭一只眼，我就不可能在成长的关键时段读到那么多美好却"无用"的课外书，我也就无法成为现在的我；感谢我的责任编辑康康，如果没有你的耐心和温柔的鼓励，就不会有这本书的成功出版，所有的一切都应归功于你。

李小丢

2016年9月6日，于北京

成 长

做一个暖心的人

情 感

你才是自己的全世界

contents

她 们

心有沉香，不畏浮世

时　尚

时间针脚里的美

Find
what you love
...

Part 1

成 长
做 一 个
暖 心 的 人

每个人心中都有一团火，路过的人只看到烟

来北京好像是第三个月了吧，我历来对时间并不敏感，在最初的新鲜感消退之后，日子又开始滑向规律、琐碎却无趣的日常。在赶稿的过程中，我感到一种庞大的倦怠感排山倒海般奔涌而来。我暂时放下写了一半的稿子，打开微信的对话框对夏目说："那种感觉又来了。"片刻他回复说："啊？大姨妈又驾到了吗？"我说："去死，就是我跟你说过的，那种巨大的无聊感。"

夏目是我的老读者，可以说是看着我的文章长大的，咳咳。在国外念研究生，刚认识他的时候还是个freshmen，现在都已经毕

业准备回国了。之所以叫他夏目，是因为他一直用《夏目友人帐》中的夏目贵志做头像。我是个脾气古怪的人，不和头像难看的人交朋友，夏目是我喜欢的人物，所以莫名其妙地就和他做了很多年的朋友。

"我记得你还在大连的时候也是成天这么和我抱怨的。那时候你说大连太小了，聊得来的朋友也不多，所以觉得生活特别没意思。好像就在几个月之前，你还跟我畅想过到了帝都之后的幸福生活啊。比如，可以随时与志同道合的作者和编辑面基，有很多有意思的胡同可以逛，有多得数不清的活动可以参加，还有很多演唱会、话剧可以看，你的生活简直可以丰富多彩得不要不要的。然而你在这个美好的夏日午后跟我说，你还是无聊。你没有救了李小丢。"他还是一如既往的毒舌，不过说的一点儿都没有错。

也许本质上，我就是个无聊的人吧。以前总会找这样那样的借口说，因为我所处的环境禁锢了我，所以我的生活才会乏善可陈。可从大连到北京之后，我固然多了饭局、活动、应酬，见到了更多有意思的人，但是这些对我的生活没有任何改变，它们就像是突发事件，像一辆风驰电掣的摩托"嗖"地一下掠过我身边，片刻之后就恢复原状，甚至连一点点涟漪都不曾留下。

"李小丢，你太乖了，太顺了，你的生活波澜不惊，写出来的东西当然就干瘪无趣。作为一个写作者，你没有毁掉过自己的生活，又怎么可能认识到生活的本质？"夏目质问我。"你应该试试大麻烟卷。"他建议说。"朝阳区热心群众会举报我的。""你应该试试野战，或者去KTV、大厦的楼道都好。""朝阳区热心群众会举报我的。""你应该伪装自己的性别，混混gay聚集的小圈子，深入了解下他们的生活状况。""朝阳区热心群众会举报我的。"

　　"我只知道朝阳区有30万散养的仁波切！"他怒了。"你要相信我，热心的朝阳区群众绝对比仁波切多。"他无奈了，"你知道其实你口中的朝阳区热心群众，就是你自己设下的心理障碍吧。"

　　是啊，我总是想要改变，改变一潭死水般寂静得让我想尖叫的生活，改变那个总是用厚厚的人格盔甲武装的自己，然后痛痛快快地拥抱最真实的自己。只是我忽视了最重要的因素，那就是我的心有没有做好改变的准备。我总是羡慕那些说走就走、想爱就爱、忠实于自己欲望只为自己而活的人，但是我的内心其实是抗拒的。眼下的生活无聊却安稳，一切都有迹可循，一眼就看得到未来，这种安全感虽然表面上被我嗤之以鼻，实际上却是我赖以生存的基础。

　　黑塞在《德米安》中发问，"我所渴求的，无非是将心中脱颖欲出的本性付诸生活。为什么竟如此艰难呢？"

因为我就像躲在乌龟壳里的乌龟，想跑得更快更自由，却舍不得扔下背上的枷锁，所以无论我所处的环境如何改变，无非也就是从一个鱼缸到另一个鱼缸而已。我早早就给自己设下了诸多底线，稍稍有越界的可能，我就会速度缩回壳里，继续着一边抱怨生活无聊，一边羡慕外面世界的日子。

村上龙真是把我们这种人看得透透的，这几天看他的短篇小说集《到处存在的场所，到处不存在的我》，仿佛看到了不同性别、年龄、处境的自己。相同的是，我们都是那种将希望寄托在别处，以为换个环境就能重新开始过上崭新的梦寐以求的生活的人。

就像村上春树一样。

我一直觉得村上春树的散文写作要好过小说，因为散文透露着他生活的趣味。他听爵士乐、跑步、写作，过着规律的生活，偶尔出现的小确幸他都能敏感地捕捉到并且呈现出来。但是这样自律克己的生活也严重地损害了他对长篇小说的把控能力，他的小说大多数的主人公都是过着正常生活的普通人，然后遭逢奇变，一下子脱离了原本的生活轨道。

始终安稳生活的村上春树将自己想要改变和冒险的念头都安放

到了笔下的主人公身上。写正常生活时村上春树总是得心应手，但每次都会在小说后半段出现力有不逮的情况。在《海边的卡夫卡》和《1Q84》里尤为明显，因为主人公的"冒险"经历明显超出了他的生活范畴，故事走向只好往怪力乱神处发展，最后却依然无法自圆其说，因为那是他自己都没有到达过的地方，再丰富的想象力也无法表达真切。

诚如马蒂斯所言，"艺术家害怕陈词滥调，但是靠制造离奇古怪之物是没用的。只有发展自己的个性，并且将自己的情感灌注到观察之中，感受人所未知，才能避开它。"所以脱离上述模式的《挪威的森林》和《没有色彩的多崎作和他的巡礼之年》反而成为了我认为写得最好的两部作品，因为那是村上熟悉的生活，一切让人感到真实可信。

也就是说，村上春树只有写自己的时候才最好看。从这点上，村上春树和刘德华是一种人，他们都是劳模，甚至可以说是道德楷模，但是他们只能写自己演自己，没有体验过别样的人生，没有深入地和其他不同阶层的人生活过，是不可能跳脱出个人经验的藩篱去写作和表演的。甚至可以这么断言，村上春树生活得越健康，离诺贝尔文学奖就越远。香港导演特别懂得如何让一个演员迅速地进入角色，还记得早年间张国荣刚出道被批评不会演戏，有导演对如白纸一张的他说："抽烟会不会？喝酒会不会？去抽烟、去酗酒，不要做一个乖宝宝，你就会演戏了。"

写作对一个作家来说是极为残酷的，你如果没有感受过被生活碾压的痛楚，没有跌落到谷底的绝望，没有在背德的快感和道德的审问中饱受煎熬，你就很难写出打动人心的作品，因为你根本不懂什么叫真正的痛苦。里尔克在《安魂曲》中写下这样的句子，"因为生活和伟大的作品之间，总存在某种古老的敌意。"要说谁不想既过上安稳幸福的日子，又写出伟大的作品呢？而这"古老的敌意"就是冥冥中上天的安排，两者似乎不能兼得。

村上龙和村上春树虽然都姓村上，但是行文风格和人生际遇简直是南辕北辙。村上龙一早就是个叛逆青年，组乐队玩摇滚，高中毕业后离开家乡来到东京，考入东京现代思潮社经营的美术学校学习摄影，但不到半年即被学校开除。于是，他来到地处东京都福生地区的美军横田基地，开始了放浪生活。他的处女作《无限近似于透明的蓝》，描写福生地区美军基地附近的一群青年男女，最初沉溺于放浪生活，在毒品、滥交、酗酒、暴力、摇滚乐中寻找刺激，但狂热过后，他们对前途的迷茫感依然如故。这就是村上龙本人那些年放浪生活的记录。性、毒品、不知道明天在哪儿的颠沛流离的生活，似乎成为了一个作家成功的要件。

真的非如此不可吗？也许是的。

说说我喜欢的几个作家吧。

保罗·奥斯特出生于殷实家庭，哥伦比亚大学研究生，本应有毫不费力的人生，却为了实现作家的梦想不惜自苦。休学游历整个欧洲，在都柏林急速暴走，在巴黎染上淋病；做船员深入体验底层的生活，和各色人等做朋友；为了糊口接过各种千奇百怪的活计，比如，给北越翻译新宪法，给影坛大佬写剧本梗概，等等。

查尔斯·布考斯基，从1941年开始做过各种最底层的工作，包括洗碗工、卡车司机和装卸工、邮递员、加油站服务员、仓库管理员、船务文员、停车场服务员、红十字会勤务员和电梯操作员；他还在狗饼干厂、屠宰场、蛋糕和曲奇饼工厂工作过，并在纽约地铁站里张贴过海报。跟他的人生态度相比，这些卑微的工作都显得高尚起来。他是个将自己的生活过得一团糟的邋遢汉，沉溺于酒精和药物，周旋在荡妇和妓女之间。

想想挺有意思的，他们几个的出身、背景可以说完全不同，但是为了当作家，他们都选择了同样的生活方式，即像扎猛子似的狠命地扎入真实的生活中，以超过正常人几倍的速度去感受生活的挤压。

村上龙凭借处女作年少成名，但是接下来他并没有以成功人士自居，依旧注视着都市生活给人类带来的负面影响。他的小说素材大多是通过深入社会亲身体验获得的，笔下大多是被社会排斥在外的边缘人物。按理说，他个人经历要比村上春树丰富多了，但值得玩味的是，他对那些超出常规的"冒险"故事反而不感兴趣。他感兴趣的是那些和他做了相反选择的人，那些想要改变却始终被困在乌龟壳里的人。例如《KTV》里快退休了却被裁员的中年男人，《便利店》里大学辍学在家靠女友养的"哥哥"，《在机场》里离婚后没有一技之长只好在风月场所打工的单亲妈妈……他们的生活里仿佛只留下绝望与颓废，似乎连可能改变的念头都放弃掉了。

"这个国家什么都有，真的是各式各样的东西都有。可是，就是没有希望。"村上龙曾经在一部长篇小说中让一个初中生说出了这句话，然而他本人却不是这么认为的。要描写社会的绝望与颓废，对他这个在底层打过滚的人来说实在是太简单了，在被现代化的强大力量推着前进的时候，描写其中消极负面的部分，似乎也是作家的使命使然。但是他写《到处存在的场所，到处不存在的我》，是想借助这些在现代化背后遭到歧视的人、被抛下的人、被压垮的人，或是抗拒现代化的人的故事，告诉我们——**这个社会不可能提供一份人人适用的希望给你，然而你需要争取的是别人所无法共同拥有，只属于你个人的希望。**

《在机场》中的单亲妈妈由依看了一部电影，就此萌生了学习制作义肢的想法。当她把这个想法当作笑话讲给一个叫齐藤的客人听的时候，他说："那就去找一份制作义肢的工作嘛。"她被这种说法吓了一跳。"我不可能找得到那种工作的啦。""为什么不可能呢？"

"为什么不可能呢？因为我从来没有想过这种事情。之所以认为不可能，是因为我只有高中学历，已经快33岁了，离过婚，还有个4岁的小孩，又在风尘中打滚，就是这么回事。这都限制了我的自由和其他可能性。还有就是我自己，因为我不愿意去思考这种事情……"

怎么样，这个说法是不是听起来非常熟悉，就像我们平时为自己找的借口一样。因为我年纪大了、长得不漂亮、没有好的学历、结婚有孩子了、需要养家赡养父母，所以想要改变现在的生活是不可能的。不是我不想去实现梦想，而是环境和条件不允许。但是我们给自己找了那么多的借口，只是因为我们不想离开舒适区而已，对于不可确定的陌生未来有种天生的恐惧感，所以就算不满于现状，我们还是只会抱怨，而不想改变。

如果你自己都不花力气去改变，你还寄希望于谁来拯救你的生活呢?

"因为你还来得及，自己找一找吧。"《便利店》中放弃了沿着父亲为他选择的生活道路而辍学的哥哥这么对弟弟说。"我有个小学同学，高中去了没过，上大学之后的某个夏天我们久别重逢。那家伙在美国居住的城市有个因鹈鹕而出名的国家公园，他因此开始喜欢鸟类，大学主修生态学，并表示自己正在新几内亚进行为期三个月的暑期研究，还说将来想要去中美洲保护红鹤。这种事情对我来说就好像天方夜谭一样。"

这正是哥哥辍学的契机，他感觉自己被骗了，以前一直为之努力的东西全部分崩离析。他想起初中去偷看在百货公司上班的父亲，父亲在卖场一直面带笑容，一回到收银台脸就垮下来了。"我虽然只是个小孩，也都怀疑那样的工作怎么可能会有趣。"

"要是相信老爸老妈或是老师所说的话就完蛋了，他们什么都不懂。由于一直待在家里，待在百货公司，待在学校，才会完全不知道世界上其他地方发生了什么事。要是乖乖听从那些人的话，就会变得和我一样。我已经没有力气再去做什么了，明明才20岁，却已经耗尽了去追寻任何目标的力气。"我只觉我的膝盖中了一箭，我的种种寂寞空虚冷，也是由这种无力感导致的，力气用尽的时候，总会希望能有什么东西来支撑自己，不论什么东西都好。

"我终于明白，真正能够作为支撑的东西就只有自己的思考能力而已。"

如果不到各地去看看，了解和我们完全不同的人是怎么生活的，不阅读各类书籍，不听音乐，就不可能发展出自己的想法。只会人云亦云，跟在绝大多数人的屁股后面走人人都在走的路，自己连想改变都不知道从何下手。"这些事情我过去都没有做过，而现在开始已经太迟了。"才20岁的哥哥就这样交出了自己的一生，让人倍感凄凉。相比起来，《在机场》的结尾要温暖得多，齐藤帮由依查找如何成为义肢装具师的资料，并且要陪她一起去熊本的学校实地看一看。在准备的过程中，由依渐渐觉得制作义肢已经是近在身边的事情了。

小说的结尾，先到机场久等齐藤不到的由依开始胡思乱想，倏地，"我的脸颊传来皮革的触感。'外头很冷啊。'戴着皮手套的齐藤站在我的后面。"一贯现实的村上龙写出了这般温情脉脉的结局，让人不由得开始相信，也许，希望真的是存在的吧，什么时候改变都不晚。也难怪村上龙认为，《在机场》是他写得最好的短篇小说。

然而不是每个由依，都能等到那个帮助自己改变现状的齐藤。梵高在写给提奥的信中说，"每个人心中都有一团火，路过的人只看到烟。只有真正的那个人能看到火，我们发现彼此，于是我们相遇，他问我的名字，我问他的名字，一切就这样开始了。"我一直以为这句话是讲述我们和灵魂伴侣的相遇，直到看完了村上龙写的不同的"我"的故事之后，我才意识到，"真正的那个人"指的其实是我们内心深处的自己。我们心中的火只有我们自己能看见，想要让它燃烧下去而不至于最后变成一缕消散的青烟，我们只能选择靠自己，别无他途。

因为世上总有令人寒心的事，所以更要做一个暖心的人呀

　　刚大学毕业那几年，我特烦同学聚会，过年回家那些小学初中高中同学聚会，见到的基本上是同一拨人，他们中的绝大部分都留在老家，绝大部分中的绝大部分又都考了公务员，绝大部分中的绝大部分的绝大部分更是在毕业三年内就完成了买房结婚生子的人生大事，以至于让当时我这种孤身一人在外闯荡的女屌丝完全无法融入他们的世界，更无法理解他们讲的那些热火朝天的鸡毛蒜皮有什么意义。

　　我脑海中隐隐有一条鄙视链，认为在大城市里的人生活得比在

小城市里的人更有意义，因为大城市里充满了新意和变数，比那种一眼就望得到40年后的平淡规律的小城生活更充满了挑战，也更能让年轻人感受到"生活"的真正含义，而不是在按部就班地打发时光，百无聊赖地活着而已。我甚至认为，大城市里生活的人的喜怒哀乐，都要比小城市里的喜怒哀乐更有分量。因为前者更能决定一个国家乃至一个时代发展的方向，而后者不过是被前者情绪的涟漪所波及的边缘角落而已。

现在回头看看，只能说我的中二期实在太长了，脑补下当时我那种自以为"众人皆醉我独醒"的鼻孔朝天大翻白眼的姿态，真是太欠揍了。

这几年我逐渐意识到，我的同学们选择生活的地方和所遭遇的一切，也许比我这个在大城市生活的人，更接近这个国家和这个时代的真相。因为他们才是时代的大多数，而我不过是被所谓的精英意识禁锢在安全区里的极少数而已。

在我的安全区里，人与人之间常用的语言是"请，谢谢，对不起"，上车之前有人把车门打开，去餐厅吃饭的时候有人先把椅子拉出来，下飞机总有高大的陌生人帮身为哈比人的我拿行李舱里的行李，lady first嘛，我觉得一切都是应该的。大家都安静排队，上完厕所都不会忘记冲水，在地铁上不小心踩到别人的脚两个人都会特别不好意思地互相致歉……我常常以为这就是生活的真相，理性、礼貌、有序，直到我回家参加同学会面听他们说起自己的工作和生活。

我的高中同学有三分之二都是公务员，其中的绝大多数都是警察。没办法，当年除了真的热爱文科的，其他的文科生都是被理科班踢出来的差生，毕竟学文科比学理科要简单些，而且好歹还有个省内的公安专科学校可以考，算是最实惠的选择。他们中什么警种的都有，刑警、缉毒警察、派出所的片警、办证大厅里的办事员、狱警，等等。每次他们一开聊，那就是千奇百怪，世间万象，新世界的大门开了就没法关。

早年间他们说起遭遇的一些事情就咬牙切齿，恨不能把那些杂碎碎尸万段，有一个万用句式是"等我当上XXX，我一定要弄死他们！"透着一股英雄气短的无奈劲儿。可是这些年过去了，他们一年比一年平和了，有的人已经当上了当年说的"XXX"，却已经没有了想要弄死那些人的愤懑之情。不是因为他们变得麻木了，而是他们知道单纯的愤怒没有意义，对解决问题没有丝毫帮助。

小A说将一个差点儿被人贩子拐跑的小女孩送回家，她爸妈居然没发现她丢了。她那未满30岁的父母已经生了5个女儿，她连个名字都没有，就叫"小三"。他们从外省跑来我们这个小地方就为了一鼓作气生个儿子出来，平时就靠收垃圾为生，一家七口生活在自己搭的违章建筑里，孩子们的玩具就是高高的垃圾山，吃饭的时候七个人围着一盆白水煮青菜，那就是唯一的菜了。可以预见到这家人的孩子还要丢，反正他们觉得少个女儿还少张嘴。"我该怎么办？"

小B说他们抓了个猥亵幼女的老流氓，结果他抵死不认，又没有一家受害人的家庭愿意作证。他们上门总被赶出来。有一家更过分，他们说起这件事，那当爹的就把女孩儿一脚踹到地上，嫌她脏，她妈妈只知道坐在一边哭。"我该怎么办？"

小C说柳树街出了个专门打劫毛线鸡（坐在门口打毛线招揽"客人"的野鸡，类似一楼一凤，通常年纪都在四十岁以上，价格在百元之下，光顾者多半是做体力活的中下层）的惯犯，不但爽完不给钱，还拿准了毛线鸡们不敢报警的心态抢她们的财物，不给钱就打，有几个被打得狠了现在还躺在医院里。"我该怎么办？"

听他们冷静地讨论这些令人寒心的事，我的暴脾气就上来了，"啊，真想活活剐了这帮人！"他们笑起来："你以为我们不想啊！你光听听就受不了了，我们天天遇到的可都是这些事儿呢！"

　　小D说："跟你说前几天有个小区里一帮老头老太太打麻将，一个七十多岁的老头输得狠了，拿麻将把一个快九十岁的老太太的额头敲了个大血窟窿，还把人推到地上，用脚把老太太手骨都给踩折了。但是你拿他怎么办？稍微多问几句都怕他心脏病发躺那儿。这就是我们大多数时候的心态，你心里头恨得咬牙切齿有什么用，你还能真的吃了人家不成？有那个工夫去生闷气气到自己，不如好好想辙把这团乱麻的线头子给扯出来。我不妄想有什么十全十美的解决方案，能让每个人都满意，但是起码在我能力范围内，要让这个事不再让人听起来心里添堵。"

　　我们都不是少年漫画里的中二反派，因为对现实失望，因为对有些人有些事充满愤怒，就动辄要毁灭这个世界。**事实的真相是，当你想要毁灭这个令你失望的世界的那一刻开始，你先毁掉的是你自己，因为你已经放弃了让这个世界变好的可能。**

　　当你遭遇恶言冷语，不公与挫折，见识到了这个世间加诸在自己和他人身上的种种残酷和暴戾，每个人下意识的回应和反击都是以暴制暴，用更冷酷的处世态度和方法来抵御寒冷。我不能说这是错的，但是当你这么做的时候，你也变成了当初那个你讨厌的人，正是这些相似的所作所为，让你对这个社会充满了失望。

"办法总比问题多！"这成了现在我的同学们讲得最多的话。而且我知道，这绝不是一种阿Q精神。因为相比工作上的琐事，他们的生活经历着更多更艰辛的考验。

我的同学里有艾滋病患者，身为警察的他为保护同事而被HIV感染者攻击，已经好几年了，他没有消失在我们的生活中，病情控制得不错，而且现在在疾控中心帮忙做义工，他的亲身经历帮助了不少人。我的同学里有烈士，在缉毒行动中牺牲了，他的妻子也是我们的同学，同样也是警察。那时候他们刚结婚一年多，感觉她整个人都完全崩溃了，过了这些年她终于重新开始恋爱，对方是个没结婚的小鲜肉。小鲜肉的家长不同意，觉得女方就算是离婚的也好，但她是个"寡妇"——克夫，一直不同意，他们还在顽强地斗争中。她说，失去了一次之后，还有什么难关是过不去的呢，毕竟两个人都活得好好的。我的同学里还有被病人家属泼硫酸的护士，去处理群体性事件而被群情激奋的村民扒光了衣服强迫下跪的警察，多次习惯性流产不得不从孕期开始就躺在床上直到生产的准妈妈，父亲成了植物人多年不得不忙碌于病床前和工作之间的普通人……

然而当他们说起这些事情的时候，态度都要比我这个生活中并没有遭遇过什么大挫折却常常无病呻吟的女文青要平和坦然得多。从前傲娇易怒的中二少年消失了，变成了一个个沉稳有担当的成年人。也许是因为他们见识过真正的寒冷，所以才更坚定了对温暖的向往，只有深刻体会到了现实中最残酷的那一面，才会对平淡生活的每一天都充满感激。

"因为世上总有令人寒心的事，所以更要做一个暖心的人呀！"这是"烈士遗孀"同学跟我讲的话，当你对当下的生活不满，想要改变这个世界，改变他人的时候，首先要改变的，其实是我们自己。

多年以前，我看《七宗罪》的时候并不能理解这句话的含义，"这个世界是美好的，值得我们为之奋斗。"我只同意后半句。但现在我觉得这句话真是太对了，因为这个世界究竟是什么样的，取决于我们看待它的方式。其实不是因为这个世界美好才值得我们去奋斗，而是只有我们不放弃为一个美好的世界去奋斗的姿态，这个世界才有可能会变得美好。

最简单的，你想要这个世界不再有人随地吐痰乱扔垃圾，首先你自己要做到。你想让父母不要再逼婚，你就不要再一边嘲笑女同事是大龄剩女，一边在网易新闻的评论区大放直男癌言论。你想要你的孩子成为一个三观正的人，就不要打击他的梦想，说他笃信的电影和小说太理想化，不现实。你想要公平和正义，就尽你所能去维护它，不要仅仅是对你有利的时候才想到要召唤它。

这也是我为什么喜欢《美人鱼》和《火影忍者剧场版：博人传》的原因，尽管这两部电影在剧情上都有不小的硬伤，甚至可以说很单薄。但是我喜欢它们那种"相信"，相信自己可以改变这个世界的那种近乎于偏执的信心。我绝不同意说周星驰是一个童心未泯的小孩才会拍出这样的童话片。《美人鱼》中的相信，不是《国王的新衣》中说真话的小孩初生牛犊不怕虎的天真，而是在高处不胜寒和无敌真寂寞中感受到的平淡可贵。

邓超扮演的刘轩因为年少家贫而被人看低，所以他立志要赚大钱，要用当个该死的无恶不作的有钱人来填补自己的缺憾。他相信对付这个操蛋的世界的方式就是要比它更操蛋，但是他并没有从这些发泄中得到预想的快乐，也许一开始是有的，但是时间越长，越让人感到空虚寂寞冷。

所以他是迷茫的，也许我们并不像刘轩这样因为高处不胜寒而迷茫，但是我们会因为自己的无能为力而迷茫，因为自己陷入到负面情绪不能自拔而迷茫。

《美人鱼》和《博人传》都不是拍给孩子们看的童话片，它们是给我们这些不知道应该相信什么的迷茫的成年人看的电影。

　　当我们终于成为了年少时讨厌的那种人，当我们开始觉得自己过时了，开始相信赚钱才是成人世界的第一要义，开始嘲笑热血青春时笃信的一切，开始觉得自己不能改变这个唯利是图的世界的运行法则，所以只好和它同流合污沉溺一气管它今夕何夕。我们确实会嘲笑《美人鱼》和《博人传》的幼稚——怎么现在还会有人放弃追逐金钱，相信真爱，相信自己可以改变这个世界啊？怎么现在还会有人相信靠自己的能力去赢得他人的尊重和认可才是正道啊？

　　可是赚了很多很多钱，已经很成功很成功的周星驰相信啊。钱多就多做点事，钱少就少做点事，不是百特曼没有超能力也可以拯救这个世界啊，少用一个塑料袋也是环保也是在拯救这个世界啊。你觉得这个世界越来越坏，你没有能力变好它，起码不要加入到让它变得更坏的那一群人中去呀。这个道理不是很简单吗？为什么就是有那么多人不明白呢？

　　与其总是等待别人给你一个微笑，先从自己学会微笑开始吧，生活也是如此。当你成为一个暖心的人之后，又何愁不能在寒意到来的时候，温暖自己的生活呢？

我原谅你给我的伤害，因为我想原谅那个受伤的自己

陈默安说，"在这个世界上，不是每个人都用温柔的方式对待我们，所以我们常常会被别人的无心之过伤害，即使时间已经过了很久，心底还是有一个地方隐隐作痛。没错，事情是过去了，但是受伤的心情却始终没有过去。"

我就是她说的那种，"看起来很坚强，很乐观，事实上有一件很难释怀的心事"的人。

我常常在梦里哭，多半是梦到被我妈或者我姥姥冤枉的场景。

缘由总是不一样，但是结果总是一样的，她们不听我的解释而认定我做了什么事，而我总是难以控制地朝她们争辩，说着说着就哭起来，直到从梦中哭醒。醒来一摸脸颊，冰凉一片的泪痕，心酸难抑。

这种现象的发生不是无缘无故的，我清楚地知道这是为什么。

姥姥生了两男两女，我妈是老大，自然我也是家里出生的第一个第三代，第一个独生子女。在4岁以前，我享尽了家人无条件的宠爱，直到4岁多的时候，我大舅的儿子，也就是我的表弟出世了。开始那几年一切和以前没什么不同，我也特别喜欢我表弟，什么好吃好玩的都给他留着，成天想带着他玩儿。

但是渐渐地开始不一样了，他开始学会走路、说话，开始和我吵吵闹闹，无论他做了什么事，例如把我的作业本撕了、把我最喜欢的橡皮擦啃了，我姥姥总是对我说："你是老大，你应该让着弟弟，等他长大懂事就好了。"我们吵架无论起因是什么，从来不会有各打30大板的情况发生，因为我比他大4岁，我永远是错的挨骂的那个。我妈那时候也特别喜欢他，连冬天打毛衣都先给他打，去逛街之类的也总是抱着他，我脚走得再疼也不肯抱抱我。

那时候我还不懂偏心之类的话，但是已经开始感觉到委屈，这使得快到青春期的我脾气变得十分古怪，我讨厌去姥姥家吃饭，总喜欢一个人在家待着。偶尔去了，在饭桌上总因为鸡毛蒜皮的小事而气的吃不下饭，甩下筷子就跑掉。我常常跑回家躲在衣柜里，让我妈以为我还没回家，然后满世界去找我。在那个时候我才会感觉到她还是在乎我和需要我的。那个时候的我很傻，跟她说既然她那么喜欢我表弟，要不她去和我大舅把我俩换过来养好了。但是我知道，我大舅是不会同意的，他不知道多么宝贝我弟。以至于有次我让我弟先做完作业再陪他玩的时候，我大舅当着全家人吼我："你干什么管他！他不爱学习就算了。"那次我爸都气的脸色铁青带着我就走了，回家还和我妈大吵了一架。

尽管如此，我还是很喜欢和我弟在一起玩，因为他真的很可爱，而且他是我唯一的弟弟，我只是生气家里人的不公平对待。我以为他们是知道的，直到那件事的发生。

那是寒假的一天，中午在姥姥家吃完饭之后我带着我弟去我家骑三轮小单车玩。玩了一会儿我四舅带着女朋友来了，问我们去不去游泳，我弟跟去了，而我留在家里看书。又过了一会儿我姥姥不放心我们两个孩子单独在家就来找我们，看到我弟不在就问他去哪儿了，我照实说了，谁知道她一下子紧张起来，逼问我是不是说谎了，是不是把我弟扔到哪儿去了？我一下子被吓蒙了，委屈到不行，大喊着说怎么可能！我姥姥冲出门去找人了，我被气得趴在床上哭，家里人陆陆续续地来了，我一个远房表姐拍着我的背安慰我，说等把我弟找回来就好了。

没一会儿我听到我妈高跟鞋的声音，她也被我姥姥从单位急招回来了。那时候我是又高兴又委屈，想着我妈肯定会相信我，她一定会好好安慰我。接着她进门了，我从床上起来准备扑到她怀里，刚跑出去几步，我妈就气急败坏地冲上来一脚把我踹了出去。那是我从小到大第一次遇到这样的事情，她穿的尖头高跟鞋一下子踢到我的肋骨底下，那一下直接把我踹到声音都出不来了。我表姐顿时被吓傻了，我妈还冲上来继续踹我，踢到我的小腿骨头上，我护着头，她就踩我的手，直到我姐扑过来把我护到身下。只听到我妈气得大喊："你把弟弟怎么了？你是不是把他扔了，还是卖给人贩子了？你的心眼怎么这么坏！他要是有个三长两短看我不打死你！"我姐也哭了对我妈说："表姑妈，小丢怎么可能会做这种事情！"

写到这里的时候，我的眼泪再一次流得满脸都是，被我最信任、最依赖的人伤害的感觉历历在目，就像是昨天才刚刚发生的事情。事情随着我弟兴高采烈地跟着我四舅回来而告终。但是这件事带来的后果却由我的一生来承担。之后好几年，我晚上睡觉的时候都不敢关灯，那正是我长个子的时候，之前一年长10公分，之后每年最多长一两公分，似乎一切的一切都在提醒我那个不被信任的时刻，那条生命中被狠狠刻下的刻度。当然我没有怨恨我妈，我们还是无话不说的母女，但那根刺一直深深地扎在我心里，让我变得越来越偏激，越来越不信任他人。

要离家上大学的时候，我终于在多年以后第一次和我妈说起这件事，在那之后直到现在，我都最恨别人不听我解释就误会我、冤枉我，每到那种时候我就会浑身发抖、双手发凉，颤抖地说不出一句完整的话来。我痛恨那些不信任我的人，更痛恨那个不被信任的自己。我妈根本不知道这件事对我的影响有多深，听我说了之后她也跟我一样泣不成声。可是有什么用呢，我那时候想，一切已经发生了，再也无法挽回。甚至我对她说这件事情的时候，也是带着一种报复的快感。

陈默安讲过，一位从来不愿意吃稀饭的长辈，因为在二十多年前的生日聚餐，她的女儿想为牙齿不好的母亲点一碗稀饭，女婿竟然大声地说："点这么多哪吃得完？已经有面有饭了，干吗还要多点稀饭？"这些无心之言深深地伤害了这位长辈，让她之后在二十多年的时光里一直耿耿于怀，下意识地讨厌稀饭。

她讨厌稀饭，更讨厌那个因为稀饭而被伤害的自己。那些落在心里的怨恨的种子，已经在我们不经意间长成了一棵树，在不注意的时候，影响着我们的情绪和生活。就像在日常生活中，我试图用理智控制自己的情绪，告诉我要去面对这些已经过去了的事情，但是梦境却清晰地告诉我，在我的潜意识中，我仍然被当年的事情伤害，从来都没有真正地坦然面对和放下过。

"我们总是说'记恨''记仇'，却不说'记爱'，爱与喜悦似乎难以持续，恨意与不甘心的保存期限却仿佛显得更久，甚至可能是永远。因为信任需要长久的累积，瓦解却只需要一瞬间。"我想，每个陷在被伤害的过往而无法释怀的人，其实都像《唐山大地震》里的方登一样，母亲在一瞬间的一个举动，足以抹杀相处的十数载里的细水深流。因为我们总是记得那些激烈的戏剧冲突，那些震撼我们心神的"意外"，却很少去注意那些日常中流露的点滴爱意。

如果现在让我回忆，我说不出一件足以和我被伤害的那件事相提并论的被爱的事，但是我清楚地知道我是被姥姥和妈妈爱着的，就算我得到的爱不是最多的那个，但我知道我也是被她们所珍惜的。只不过人们往往不重视自己的一言一行，一句"无心之失"并不能抹掉因此给他人带来的伤害，尤其对至亲之间更是如此。

因为是对自己最亲的人，所以说话行为不考虑后果，对人造成的伤害也更大。因为我不在乎陌生人怎么看我，是否信任我，但是我非常在乎我在乎的人如何看我，如何待我。爱多深，伤害才有多深，所以与其说我们不能原谅那些被伤害的往事，不如说是我们不能原谅那个渴望爱而又因此被伤害的自己。如果能少爱一点，少信任对方一点，我们就不会受到伤害，可是那时的自己，却是将整个身心交托给别人，因此被重重地摔在地上才会让我们那么疼。

斯坦福大学心理学博士吉姆·丁克奇在《那些伤，为什么我还放不下》一书里说，"原谅绝不是毫无原则的懦弱；也不是忍气吞声，委曲求全的和伤害我们的人和解；更不是假装高风亮节，违背心意地宽恕别人伤害我们的行为。"

真正的原谅是清除头脑中的怨恨、憎恶、不安等负面情绪，重新植入爱的能力，重建内心的宁静。

陈默安也持这样的观点，"你不需要原谅伤害过你的人，而是学着'接受'自己曾经受过伤，也告诉自己'之所以会受伤不是我的错'。"我们希望被所有人，特别是自己重视和爱着的人所信任和喜欢，正是这样的情绪使我们无法原谅那个曾经被讨厌和伤害的自己，因为我们会不自觉地认为都是自己做得不够好，所以才会被伤害。

学会自我原谅非常重要，因为如果愧疚和羞耻这些负面情绪长期地盘踞在脑海里，时间久了，你就会自动相信自己不值得拥有更好的人生。而我们生命中的很多悲剧和遗憾，往往是因为不会自我原谅而造成的。学会放下，不是姑息伤害我们的人，而是给自己一个机会，重新开启信任与爱的可能。

原谅，就是把监狱的囚徒放出来，然后发现，其实这个囚徒是我们自己。

在全世界迷路也无所谓，别在自己心里迷路就好

在这个时代活着，最大的尴尬是：从热到俗，往往只有一线之隔。

人人都在标榜自己的小众品位、高冷逼格，生怕和别人一样，无论在炫耀什么，都要摆出一副"全世界都不懂Ta的好，只有我慧眼识英雄发现了Ta的妙处，你等俗人还不过来跪舔"的表情。

曾经，小资、文艺青年、小清新、安妮宝贝、昆德拉、村上春树、丽江、咖啡馆……这些词都是某个时间段最具代表性的逼格词汇，但是当它们如王谢堂前燕飞入寻常百姓家之后，它们彻底火

了，却也彻底被毁了。自诩为永远不食人间烟火的高冷一族似乎忘了在不久之前自己还将这些词顶礼膜拜，转眼间便可以翕动着鼻孔不屑地嘲讽，"俗，太庸俗了"。

谁小清新？你才小清新，你全家都小清新！得，眼见着这些最热的关键词转瞬间都变成骂人话了。

所以当我看到百度发布的"2014十大热搜景点"后，第一时间想的居然是：完蛋，要坏菜！九寨沟、乌镇、华山、泰山、凤凰古城、少林寺、横店、西塘、故宫、丽江分列1到10位，毫无意外的，10个全都是国内的热门景点。我都可以想象文艺青年们对此嗤之以鼻的表情，"哼，这些地方我们可不能去了，另求问万能的网友，有哪些冷门而好玩的景点？"

犹记得两年前豆瓣曾经有篇特别尖酸刻薄的文章横空出世，在网上蔚为流传。那篇文章叫作《穷逼就别去古镇了》，意在嘲讽那些去丽江凤凰寻找艳遇，或放慢灵魂，或寻找生活真意的文艺青年们，认为他们都是现实生活中的loser，因为囊中羞涩不能去真正有诗意的地方，所以只好"披着25块钱一件的民族风披肩，摇曳着30块钱一条的民族风长裙，穿着75块钱一双的匡威不穿袜子，走在1990年代的石板路上，听着ding……da……ling……da……ling……da……

ling……da，看小雨拍打着水花……"还自我催眠说灵魂在这样的氛围中得到了升华，从此张开了一双慧眼高傲地穿行在乌烟瘴气的俗世生活中，与一众凡夫俗子拉开了一眼望不到边的距离。

言下之意是，"我已经和你们这些俗人不一样了。"可是作者嘲笑说，他们不知道自己才是最俗的那个。不知道新四大俗是什么吗？"城里开咖啡馆、辞职去西藏、丽江开客栈、骑行318。"正好是人云亦云随大流的旅行狗们最大的梦想。结尾一句话更加残忍，"loser云集的地方只会让你更loser，还是去看下大米多少钱一斤，看你还能不能吃得起吧。"

当年的我被这样的文章镇住了，从此就像做了什么坏事似的，绝口不提去凤凰古城的旅行计划，更不敢承认自己爱死了九寨沟的风光。当别人问我丽江好不好玩的时候，我也特意不屑一顾地说："丽江？商业氛围太浓了。大理古城也差不多。不如去腾冲吧，那里多少还没那么俗。"

可是这几天我在看日本国民女作家、女版村上春树角田光代的散文集《在全世界迷路》的时候，我才发现，被这种生怕自己变得跟大众一样俗的心态所主宰的我，其实才是真的俗。

角田光代是一位重度旅游爱好者，从年轻时就开始做背包客独自一人环游世界。在言语不通的情况下，一个人到欧洲、拉丁美洲等国家都玩得不亦乐乎。她的旅行经历足以让所有爱好旅行的人羡慕嫉妒恨，但是她在书中坦承，她也是个庸俗的旅行者。

因为18岁之前对旅行这件事没有什么认识，也没有兴起去外面的世界看看的愿望。所以角田光代是在上大学之后才开始旅行的，最开始她只敢在国内旅行，去的也是北海道、富士山这些人人耳熟能详，在日本国内"恶俗程度"和凤凰丽江差不多的地方。接着她出国，一开始去的也是香港、泰国、塞班岛、巴厘岛这些著名的旅游胜地。因为没有太多的经验、缺乏对自己的了解、欠缺一定程度的经费，所以旅行菜鸟们最开始总会信任绝大多数人的选择，这是人之常情。

总结当时的旅行经历，角田光代说，**"20岁的我最欠缺的就是从容不迫的心态。无论去哪一个国家，都是我第一次的新鲜体验。毕竟都大老远地跑来了，所以自以为非做什么、非体验什么、非尝什么、非买什么不可，否则就不算一趟充实的旅行。"**所以20岁的她觉得纽约不好玩，听音乐剧和看芭蕾舞的时候打瞌睡、跑到中央公园和参观联合国总部的时候大叹无聊。可是10年后她没有再去观光客"必去"的地方做"必做"的事。她在街道上散步、搭地铁环游城市、逛教堂和书店，反而喜欢上了纽约这个城市。

所以，何必嘲笑想要走出家门去看看外面世界的那颗年轻的心呢？穷逼就不该拥有旅行的梦想了吗？我们当年不也是这样过来的吗？没有人第一次旅行就飞到地球的另一端，没有人第一次旅行就知道选择小众有逼格的冷门景区，没有人第一次旅行就能拥有从容不迫的心态，可以完全绕开那些被人津津乐道的热门景点，而根据自己的爱好安排旅行的线路。

在所谓恶俗的景点名称背后，我仿佛看到了一张张充满期待而又青涩的脸庞，他们是那么虔诚地在热门景点中进行着好奇地搜索和谨慎地选择。年轻的他们，也许要把这些地方都一一走遍，才能体会到开高健所说的，"带着一颗少年的心与成人的钱包去旅行吧！"这句话的真正含义吧。

成人的钱包并不单指金钱，而是蕴含了心态上从容不迫的意思。如果没有去人山人海的热门景点前排过冗长的队、拍过N个人头抢镜的大合影、被专宰外地游客的大排档宰得欲哭无泪、买了很多所谓的当地特产回家全扔掉等的经历，又怎么会知道自己真正喜欢和想要的旅行是怎样的？

况且，就算是别人口中最俗的地方，没有经过自己的脚步丈量，又怎么会甘心呢？

阳春白雪固然雅，下里巴人固然俗，可是仅仅为了雅俗这样的虚名，就强迫自己选择或者不选择某些事物，不是太傻了吗？我就喜欢泡咖啡馆，我就喜欢自拍，我就喜欢买只银镯子戴上……"我就喜欢"这四个字，难道不是我们去做一件事最重要的理由吗？旅行归根到底就是一件在全世界迷路也无所谓，别在自己心里迷路就好的事啊。

　　我就喜欢，爱谁谁。

我愿意放弃这个可能

　　每当想要偷懒的时候，我就会找来《傲骨贤妻》给自己打针鸡血。昨晚恰好扫到第3季的第17集，主人公艾丽西亚在律师事务所带的第一个徒弟，天分很高的美女律师凯特琳因为怀孕准备辞职回家当全职主妇。身为过来人的艾丽西亚想要挽留她，显然凯特琳的经历让她联想到当年的自己。当年她也是为了爱情、为了家庭选择在家照顾孩子，但是15年后丈夫性丑闻曝光，她不得不以新人的身份回到阔别15年的职场，承担起养活整个家庭的重担。

　　艾丽西亚对凯特琳说："凯特琳，你是个很棒的律师，你聪明灵活，学习能力很强，在庭上的表现也很好，你不能放弃这些啊！"

艾丽西亚的理由是，"如果你为了某人而放弃这些，即便是对你很重要的某个人，你以后很可能也会为此后悔的。"

艾丽西亚的想法和我一贯的观点差不多。我总是觉得女人，特别是中国女人追求事业真的太难了。自从大学毕业之后，就有太多的事情让我们分心，相亲、恋爱、结婚、生子，现在还可以生二胎……传统意识中女性应该更多承担家庭责任的认知，让我们把更多的时间花在了经营家庭，而非经营事业上。而且很多当时被爱冲昏头脑所做的决定，总在鸡毛蒜皮的平淡日子中慢慢变得狰狞起来，就算没有出现小三等狗血事件，心态也很有可能从"心甘情愿"变成了"不情不愿"，甚至是"满腔怨怼"。

为了避免这种情况出现，最好的方法就是不要为爱情和婚姻牺牲你的个人追求，你的自我实现应当永远放在第一位。无论你的角色如何转变，是妻子也好母亲也罢，都不应当为之改变自己。

但是凯特琳的回应动摇了我的看法，她说："我不是为了我的未婚夫而放弃事业的。我是为了自己而放弃的。我喜欢法律，但是我爱我的未婚夫。"

艾丽西亚以为她还是不明白，说："但你不必二者选其一啊。

工作、做妻子、当母亲，完全可以并行不悖啊！"

凯特琳解释说："但是我想选择。我不必去证明什么事情，即便我必须证明的话，我也不想。"

这句话对我的冲击不亚于给了我一拳。作为一个大学毕业之后就没再跟家里要过一分钱的人，一个深信凭两个人的努力没有什么实现不了的大大咧咧的没房没车就敢裸婚的人，我一直坚定地认为女性最大的价值就是证明自己在职场上不比男人差，甚至比男人更强，因为我们可以兼顾事业和家庭。我在知乎的个人介绍都是，"对女人最大的赞誉是：你已变成昔日你想嫁的男人了。"

虽然我没有在文章里明显地表露出对全职家庭主妇的不屑，但我潜意识里总是觉得自己要比她们更有理想和追求。我从来没想过，每个人都有不同的追求，每个人实现自我价值的方法也不尽相同。艾丽西亚经历了背叛之后以事业为人生支柱，而陷入爱河的凯特琳尽管是很有前途的新人律师，然而在此时此刻，她说，"只是现在的我真心想当，一个母亲。"

也许从社会价值上来说，一个好律师的作用要远远大于一个好妈妈。但对孩子和家庭来说，一个好妈妈胜过所有，她们根本无法，也无需分出高下。

念及于此，一个淡漠的身影浮现在我眼前，只听得欸乃一声山水绿，湖面绿波上漂来一叶小舟，一个绿衫少女手执双桨，缓缓划水而来，口中唱着小曲。听那曲子是，"菡萏香莲十顷陂，小姑贪戏采莲迟。晚来弄水船头湿，更脱红裙裹鸭儿。"歌声娇柔无邪，欢悦动心。

来人竟是阿碧，金庸《天龙八部》中一个小小的配角。金庸书中暗恋男主求而不得的女子很多，人们对她们多有怜惜之情，竟有暗暗超过女主之势。比如，程英、程灵素、郭襄、木婉清，等等。不过对阿碧，心绪多半是复杂的，人道"慧眼识英雄"，抑或是"良禽择木而栖"。当王语嫣这根木头最终幡然醒悟，离慕容复这个伪君子真小人而去，那开篇让段誉和读者都为之惊艳的绿衫女子，竟还痴痴追随在疯癫的慕容复身边。

《天龙八部》结束时，段誉和王语嫣见到七八名乡下小儿跪在坟前，乱七八糟地嚷道："愿吾皇万岁，万岁，万万岁！"一面乱叫，一面跪拜，有的则伸出手来，叫道："给我糖，给我糕饼！"慕容复道："众爱卿平身，朕既兴复大燕，身登大宝，人人皆有封赏。"

坟边垂首站着一个女子，却是阿碧。她身穿浅绿衣衫，明艳的脸上颇有凄楚憔悴之色，只见她从一只篮中取出糖果糕饼，分给众小儿，说道："大家好乖，明天再来玩，又有糖果糕饼吃！"语音呜咽，一滴滴泪水落入竹篮之中。众小儿拍手欢呼而去，都道："明天又来！"知道慕容公子神智已乱，富贵梦越做越深，不禁凄然。

　　这般痴情，若是因为杨过那一类的主角，人人都能感同身受，深觉可叹。一看是错付于慕容复这样的人，只余可笑可气可怜了。此前我阅书数次，心思也甚少停驻于阿碧身上，一是这开场让人惊艳的丫头很快就脱离了主线剧情，连当人肉布景板的资格都没了；二是觉得这姑娘眼界太窄，好歹在江湖上见识过那么多英雄豪杰，却还扔不下一个慕容复，简直是愚忠，看人家阿朱多有识人之明。我没办法理解她，也就不可能对这个人物有什么感情。

　　但是听完凯特琳的一番话，我竟然觉得，那就是阿碧的心声。"我可能会成为很好的律师，但是我有我深爱的另一半，我愿意放弃这个可能。我可能会有更丰富的人生，甚至成为小说的主角，但我心里有公子，我愿意放弃这个可能。这不是为了某个人的选择，这是我自己的选择，我没奢求你的理解，但我甘之如饴。"

　　"那些都是很好很好的，可是我偏偏不喜欢。"金庸笔下最偏爱的人物，心路历程不都是这样吗？众女一见杨过误终身，杨过却历经艰难苦等16年也要和小龙女在一起；任盈盈无论是武功、外貌都不输小师妹，对令狐冲也是全心全意尽心尽力，然而在令狐冲心底最柔软的地方，住着的依然是岳灵珊……围观的路人甲为她们鸣不平，可是爱情从来就不是奥运会，没有靠成绩取胜这一说。

爱情就是那么不讲道理，你可以赢得千万人的爱，但是唯独得不到心上人的回头一瞥；你可能被天下人唾骂耻笑，却有人不管不顾要和你一生一世。"在世间，自有山比此山更高。但我知，世间只有你好。"谁说爬过了更高的山，趟过了更急的河，见过了更美的人，就一定会忘记心里最初的那个人呢？

况且，阿碧对慕容复的爱恋，绝不是用深闺女子没见过世面只能爱上小少爷的借口就能搪塞的。《天龙八部》对北乔峰南慕容的出场设计是极富深意的。乔峰出场平实无奇，豪迈自如，如他本人。而慕容复的出场可谓"千呼万唤始出来"。金庸始终站在段誉的视角来烘托慕容复是怎样的一个人物。段誉第一个看到的，就是阿碧。

唱着采莲曲出场的少女，一双纤手皓肤如玉，映着绿波，便如透明一般。崔百泉和过彦之虽大敌当前，也不禁转头瞧了她两眼。段誉心道，"想不到江南女子，一美至斯。"其实这少女也非极美，比之木婉清尚有不如，但八分容貌，加上十二分的温雅，便不逊于十分人才的美女（这便是所谓的"主要看气质"了）。

想想段誉是何人，堂堂大理国镇南王世子，也是吃过穿过见过的，不是井底之蛙，然而阿碧竟得到他如此高的评价。接着阿碧的才艺更是让段誉眼界大开，她是琴癫康广陵的弟子，以杀人武器软鞭和金算盘弹奏伴唱，"为谁归去为谁来？主人恩重珠帘卷。"

阿碧住的地方也让段誉流连忘返，只见一座松树枝架成的木梯，垂下来通向水面。阿碧将小船系在树枝之上，忽听得柳枝上一只小鸟"莎莎都莎，莎莎都莎"地叫了起来，声音清脆。房舍小巧玲珑，颇为精雅。小舍匾额上写着"琴韵"两字，笔致颇为潇洒。到得厅上，阿碧请各人就座，便有男仆奉上清茶糕点。

段誉端起茶碗，扑鼻一阵清香，揭开盖碗，只见淡绿茶水中飘浮着一粒粒深碧的茶叶，像一颗颗小珠，生满纤细绒毛，后世称为"碧螺春"。四色点心是玫瑰松子糖、茯苓软糕、翡翠甜饼、藕粉火腿饺，形状精雅，每份糕点都似不是做来吃的，而是用来玩赏一般。段誉见那"听雨居"四面皆水，从窗中望去，湖上烟波尽收眼底，回过头来，见席上杯碟都是精致的细瓷，心中先喝了声彩。

阿碧不仅人风雅，嗜好风雅，连住处的名称、所烧的小菜都风雅，而她不过是慕容复的婢女。段誉不禁想到，一个婢女，衣食住行已自不凡，音容笑貌更让人忘俗。之后阿朱、邓百川、公冶乾、包不同、风波恶等纷纷出场，人物重要性由低到高，逐一展现。慕容家的部署随从皆此等高妙人物，让人未见便已倾慕此等众人的少主该是何等的非凡才俊。最终遇到魂牵梦绕的"神仙姐姐"，竟然见她也是痴痴恋着慕容复，更将慕容复的地位拔高到近乎完人的地步。这里的描写，也颇似曹公描摹贾府的技法。

这等风雅人物，又岂是没见过世面的懵懂女子呢？想来如果早年间慕容复没有为了复国迷梦奔走的时候，他也是红袖添香夜读书的翩翩佳公子一名，看阿朱阿碧的谈笑举止，她们常伴于侧的公子又怎么会是不解风情的蠢物呢？

段誉虽然是个书呆子，但也是一表人才，钟灵、木婉清等都倾慕于他。谁曾想自从遇到阿碧，这些慕容复的粉丝们，就对他视若无睹。阿碧对慕容复的情意，书中也一早就露出了端倪。巴天石微笑道："我们接连三晚，都在窗外见到阿碧姑娘在缝一件男子的长袍，不住自言自语，'公子爷，侬在外头冷？侬啥辰光才回来？'公子爷，她是缝给你的吧？"段誉忙道："不是，不是。她是缝给慕容公子的。"巴天石道："是啊，我瞧这小丫头神魂颠倒的，老是想着她的公子爷，我们三个穿房入舍，她全没察觉。"

我想此时段公子的心中应该是苦涩的，怜惜段公子30秒。

段誉对阿碧是念念不忘的,这里并不一定是爱情。段誉有点贾宝玉的痴态,对姐姐妹妹们都很怜惜,钟灵道:"哥哥,你想念王姑娘吗?"段誉道:"有一些,不全部是!"他心中所想,除了阿朱外,更有太湖中的阿碧。这一望无际的绿野,恰如太湖的春水碧波、阿碧的绿色罗裙。

我之前分析过,金庸对青衣女子有情意结。一般在书中着青衣的女子,都是他心底最爱的那个人的化身,也是他"求不得"的女子。岳灵珊、周芷若和郭芙都是这个"她"的一个侧面,阿碧也是如此。她们的选择如果站在主人公这看,都是错的,眼光不行,因为没有选择主人公,所以下场也不是很好。这里略微体现了一些金庸直男的本性,"看看,你不选我,最后倒霉了吧。"

但是直男又有一点奇妙之处在于,你如果没有选择他,并且遭遇了困境也不后悔,没有扑过去求原谅求收留,他反而又会加倍地尊重你,并且越发念念不忘起来。

段誉,或者说金庸对阿碧等人的敬重,就在于她们的选择上。她们有能力去过更好的生活,拿到热热闹闹的主角剧本,爱得轰轰烈烈之余,还能扬名江湖。但是她们放弃了,她们不是为了自己爱的那个人放弃的,而是她们在选择了那个人的时候,就选择了另一种生活。

她们并不是为任何人牺牲，那不过是从心的选择而已。

其实《天龙八部》就是一个关于选择的故事，**你选择了什么，就必然会放弃什么，没有什么值不值得，一切只是看你能否承担起选择的结果而已。**慕容复选择了复国，放弃了人格尊严和青梅竹马的恋情；乔峰选择复仇，阿朱选择为父替死，就只能是"塞上牛羊空许约"；阿碧选择了慕容复，就知道"热闹是他们的，而我什么都没有"。但这些都是他们自己的选择，最终不怨天尤人，已经是最大的胜利。

在职场上为了事业拼杀的女性和在家庭中为了家人奉献的女性并无高下之分，30岁拿到年薪30万是一种成功；30岁学会30种西式糕点的烘焙方法，也是一种成功，它们能给人带来的成就感和幸福感都是一样的。

现在的问题是，很多女性一方面惧怕职场的辛劳，选择依附于男性躲在家中避开竞争，将实现幸福的可能性全部寄托在对方身上；一方面又无法在家庭中找到自己存在的价值，也不能凭借经营好一个家庭找到成就感和幸福感。一旦发生争执，却又口口声声"我是为了你才牺牲了事业，我为了你为了家付出这么多……"讲真，这些人的觉悟比起阿碧还差得远呢。这个世界上的唯利主义者实在太多，愈发衬得阿碧的选择格格不入，却也愈发使得她令人敬重。

书中，段誉最终也理解了阿碧的选择。段誉见到阿碧的神情，怜惜之念大起，只盼招呼她和慕容复同去大理，妥为安顿，却见她瞧着慕容复的眼色中柔情无限，而慕容复也是一副志得意满之态，心中登时一凛，"各有各的缘法，慕容兄与阿碧如此，我觉得他们可怜，其实他们心中，焉知不是心满意足？我又何必多事？"

你的选择可以顺应这个社会的主流价值，25岁结婚，28岁生头胎，30岁生二胎，辞职在家做全职主妇；你也可以选择跟这些腐朽的价值观说拜拜，我就是想谈恋爱，谈恋爱，谈到世界充满爱，谈800个男朋友也不结婚，结了婚也不生娃，生了娃也不晒娃。只要那是你发自内心的选择，并且因此觉得心满意足，你就不必去深究这些选择是对是错，别人能不能接受。

毕竟，最终的买单者是你自己，只要你不是为了任何"别的什么"去选择，你的选择就值得尊敬。

习惯独处不是病，是一种稀缺的能力

这个时代过度夸大了情商和人际交往在个人生活中的地位，以至于无数人都在花大力气去学习和维持低质量的社交，而轻视高质量的独处，实话说大部分人甚至不懂得如何独处，并引以为傲。其实人类社会从古至今都不缺乏长袖善舞八面玲珑的人，只是他们的这项技能并不那么受人重视。

我们每天早上醒来的第一件事和临睡前的最后一件事，都是像古时候的皇帝批阅奏章那样将社交媒体的提示信息一一过目，顺手点个赞再批复两句，然后还要时不时地刷新一下保持快速的互动。如今将我们扔在一个没有手机信号和WiFi的地方才是真正的地狱，不到半小时就急得要发狂，生怕自己错过了什么。我们宁愿将自己埋入海量的垃圾群消息里，也很难将精力集中起来读上哪怕10页书，尽管我们知道那是件大大的好事。

东亚文化中的"合群"观念从未像如今这样无孔不入，甚至成为一种恐惧，一种不合群就生怕自己过时被抛弃的恐惧。在网络时代没有到来之前，我们还只需在人群中保持合群即可，回到家中即可享受个人的私密独处时光，然而这最后的净土也被智能手机打破，就算你的身体在独处，你的意识仍然可以不受阻碍地混杂在人群中和他们保持交流。

我们社交的频次大幅度攀升，我们迫不及待地和更多人建立亲密的人际关系，想当然地认为这才是通往成功的不二法门。成功学大师开口"人脉"，闭口"资源"，把成人世界的游戏规则简化为裙带关系和酒桌文化。所以他们宁愿相信比尔·盖茨成功是因为他妈是IBM的董事，也不愿意相信比尔·盖茨本人有什么过人之处。也是，提升智商和个人奋斗这种事很难，相比起来情商仿佛更容易后天培养，在群里和酒桌上插科打诨做个捧哏的这种活儿熟能生巧，并没有多大的门槛。

这种浪漫的"相信"迷倒了一个又一个如郭冬临在小品《有

事儿您说话》里扮演的那种男人，以为做好一个有求必应随叫随到的狗腿子就能飞黄腾达了。我现实中看到过太多这样的男人，他们成天的不着家，把和哥们儿在酒桌上聊天打屁美其名曰为"积攒人脉"，别人一叫一个准儿家里事永远指望不上他，而且他们的老婆还不能妨碍他们的混圈子"大计"，否则就是思想觉悟不够，不理解男人的伟大抱负。我呸，这样的人我就没有看到过一个混出个名堂来的。

当然出现这种情况还得怨弗洛伊德开创的精神分析学派提供的理论炮弹，心理治疗师没事儿就喜欢叨叨亲密关系，无论遇到什么案例都强调亲密关系对人有多重要，一旦亲子关系、工作、婚姻、情绪出了问题，都是亲密关系出了问题。废话！这是说了白说，不说白不说，永远正确的废话。我们赋予了人际关系太多沉甸甸的价值，已经让其不堪负荷。我们期望圆满的亲密关系能够如理想那样带来幸福与快乐，甚至带来事业上的成功和社会上的地位，如果没有，就认为这些关系一定出了差错——说实话，这种想法似乎夸张了点。

我一向认为没本事的人才会神化人脉的作用，而有本事的人根本无需操心资源从何而来，人脉会自然追着你来。你是什么圈子的人你就会接触到什么样的人脉，想要打通高一级圈子的入口靠的不是情商和人际关系，靠的是你的本事。

当我还是一枚刚刚开始写书评的小透明的时候，我有一堆那时候看起来特别远大的理想，想上《新京报》，想上《南方人物周刊》，想上《周末画报》，想上各种我觉得特别高大上的报纸杂志的书评版。（这句话看起来有点怪怪的，呃，我是不是又污了？）后来因缘际会被拉进一些红人群、媒体编辑群，里面有不少像我这样的小透明各种嘴甜地在群里活跃气氛，和大V红人们称兄道弟。然而我特别怂，连去单独勾搭一下都不敢，因为总觉得自己写得还不够好，毛遂自荐都嫌自己磕碜。

现在回过头来看看，当年的梦想一一实现了，各种媒体都上了个遍。然而有读者来问我投稿秘诀的时候，我总是张口结舌，因为我从来没有主动去投过稿，都是守株待兔等待编辑愿者上钩来勾搭我。咦，看起来非常高冷的样子是不是？好像也特别吹牛逼，但是事实就是如此。我把那些用来套近乎说废话的时间都拿来阅读和写作了，人际交往和亲密关系都不是我创作的来源，我的灵感大部分源于独处时的思考，而将灵感转化为文字的过程又会给予我极大的满足感和幸福感。

这些都是独处带给我的快乐，是人际交往所无法取代的、独一无二的快乐。

当弗洛伊德认为两性间的性满足才是保证精神健康的必要条件之后，人们普遍认为，如果一个人是健康快乐的，那么他或她一定享有令人满意的性生活。反过来说，如果一个人近乎神经质地不快乐，就可以肯定他或她寻找性宣泄渠道的能力有问题。所以，精神科医学的传统是把孤独视为一种病态，这种观点认为一个成人倘若缺乏建立亲密的人际关系的能力，便表明他的精神成熟进程受阻，也就是存在某种心理疾患。说白了就是没有获得性满足的能力。

这样的论断一竿子打翻了几千艘大船上的人，曾经令无数代人仰望的那些名字：笛卡儿、牛顿、帕斯卡尔、斯宾诺莎、康德、叔本华、尼采、克尔凯郭尔、维特根斯坦等伟大的思想家，就因为终其一生没有娶妻生子或与他人建立亲密关系，个性孤僻不擅交际，就被认定是人格发育不健全的怪咖，甚至还认为他们一生都没有感受过什么是真正的快乐和幸福。

唉，这些人脑洞真是大，这么看来所有的和尚和尼姑都是最可怜的病人，因为他们既没有性生活，还离群索居没有社交。我想，爱情和友情是能让人生变得有价值有意义，但是它们并非幸福的唯一源泉。

在任何情况下，人际关系中都会出现某种不确定的因素，它们的连接并非是长久稳固的，结婚可能离婚，朋友可能反目，闺蜜可能变小三……这种不确定性可以避免人们将这段关系理想化，认为人际关系是通往个人满足的绝对或唯一途径。也就是说，你是谁应该由你自己来定义，而不是由你的人际关系来定义。在中国，可能正是因为我们把人际关系理想化了，才会出现"结婚是女人第二次投胎""离婚是女人一生的失败"这种论调。如果我们没有把结婚看作幸福的主要源泉，那么遗憾收场的婚姻反而可能会少很多。

我们和其他动物共有的生物必然性是繁衍生息，确保自己的基因得以延续，所以弗洛伊德认为性满足很重要，嗯，关乎繁殖嘛。但是事实往往并非如此，因为人类的特性是在主要的繁殖期之外有大段大段的空闲时间。对于普通人来说，在繁殖期之外的人生阶段将如何度过，才是最重要的，毕竟我们又不能在睡觉时间之外都啪啪啪。

在人际关系中，你只有一个特定的社会身份，它可能和其他人的角色高度重合。而证明你是这世上独一无二、无可取代的存在的证据，是你的个人兴趣，你在脱离人际交往的时候沉迷其中不可自拔的爱好。

不管这种爱好是弹钢琴、养花、爬山、跳广场舞，还是买古董、遛鸟、玩单反，不管这些爱好用不用花钱，也不管这些爱好有没有用，这些个人兴趣才是让人生变得有价值的重要凭据。无论我们的人际关系是否让人满意，也无论工作上是否顺利，只要想到能够拥有一些独处的时间和空间，用自己想要的方式去打发时间，就足以让我们的内心达到宁静平和。这种心理上的满足，和性满足那种单纯的感官满足完全不同，它甚至比性满足更为重要。

大自然对人类的设定其实并不是仅仅追求感官满足而已，他们既可以与有情之人亲密相处，也可以对无情之物投入心力。如果一个人长久地生活在人群之中，没有属于个人隐私的空间，他会变得失去自我、暴躁易怒、幸福感大幅降低。这也是某种主义剥夺人孤独权利的根源，因为人在孤独的时候才能去思考我是谁，我想要什么和我想成为一个什么样的人这种形而上的问题。

人类终其一生都被两种完全相反的驱动力操纵着，一种是对陪伴、爱，以及其他所有能让我们亲近同类的关系的渴望；另一种则是对独立、孤单和自由的向往。如果只听精神分析学说理论家的观点，我们是否具有价值好像完全取决于是否满足了他人对我们的要求，是否充分发挥了自己的角色功能。例如，作为配偶、父母或者邻居的社会角色。按照这种观点，个人存在于这个世界的理由就是因为有他人存在。

荣格在他职业生涯的后期专门治疗中年病人。他发现，他的大多数病人都很能适应社会，家庭生活美满，且有杰出的成就，然而他们中年危机的原因就在于缺少内心的整合，换言之是缺乏个性，在事业和人际关系之外一片茫然。所以他们的事业越成功，人生越空虚。

这就是所谓的有钱人的空虚，然而很少有人认识到，他们的空虚不是因为钱太多，而是能自由支配的独处时间太少，甚至他们除了工作和应酬，已经完全不懂得该如何享受生活。你会说，咦，有钱了还缺享受吗？有钱人不是都买豪车、打高尔夫、在游艇上开party吗？连你都知道他们喜欢玩什么了，不觉得这些爱好单一得可怜吗？这已经成为了有钱人的标配，他们不一定喜欢这些，不过是为了自己的身份，被迫去玩这些和身份相符的东西罢了。所以他们往往会有些和身份不符的怪癖，在旁人看来简直不可理喻，这才是他们真实自我的展露罢了。

明末散文家张岱有一颇为自得的名言，"人无癖不可与交，以其无深情也；人无疵不可与交，以其无真气也。"这绝对是普世真理，一个人如果既无癖又无疵，四平八稳，谨小慎微，没有一点点个性，这样的人要么无味无趣，要么心机深重，在我看来都不值得相交，更不会有什么大的成就。

造成这种现象的原因是很多人从儿时开始就因为某种原因学会了过度顺从，他们所选择的生活方式要么是他人期待的，要么是取悦他人的，要么是刻意不去得罪他人的。他们建立起了心理学家温尼科特所谓的"虚假的自我"，即一个建立在迎合他人愿望而不是服从个人真实感受或本能需要基础上的自我。这样的人最终会感到人生毫无意义，因为他只是在适应这个世界，而不是把世界当作一个可以满足自己主观愿望的场所去冒险和征服。

有创造才能的人更习惯以自我为中心，他们总是在独处中不断发现自我、重塑自我，并在自己创造的世界中获得更高层次的满足。反思中国年轻一代创造力的匮乏，是否也与我们过多地重视合群、情商、和所有人打成一片的能力有关呢？我想也许现在情商高会来事儿的人已经太多了，而习惯独处并能在独处中发挥创造力的人，则实在是少之又少。

英国首屈一指的心理学家、精神病学家和作家，牛津大学研究员，英国皇家内科医学院、皇家精神科医学院和皇家文学学会的资深会员安东尼·斯托尔对弗洛伊德、克莱因、温尼科特、科胡特等人的精神分析学说进行了系统梳理，矫正了其过于注重亲密关系的弊病，并以无比的深情和悲悯剖析了牛顿、贝多芬、维特斯根坦、卡夫卡等天才的心理作为佐证：个人所能感受到的最深刻、最治愈的心理体验都发生于内部。因此，独处的能力是成熟的标志，它不但可以激发个体的创造力和想象力，还能够引导他们完成内在的整合和精神的升华。

我个人十分推荐《孤独：回归自我》这本书，它给了我很大启发，对心理学感兴趣的小伙伴们不妨一观。今天这篇文章不是熟悉的文风也不是熟悉的味道，可能过于理论化和枯燥了一些，让你们又有机会见到一个不一样的我了，是不是很开心呢。

让穿Prada的女魔头告诉你，如何成为一个平庸的人

也许看了标题你会问，在这个人人追求成功的时代里，怎么会有人想要成为一个平庸的人呢？嗯，你错了，那只是表象而已。"我要成功"不过是我们顺应社会发展潮流喊出的一个"政治正确"的口号而已。在现实生活中，绝大多数人对平庸生活的依恋远远超出了对成功的渴求。甚至可以说，成功这件事本身，就是让人感到恐惧的。

打个最简单的比方，人们都知道阅读严肃文学、观看艺术电影、在8小时之外自学等"正能量"的事绝对是对我们自身发展有用的好事，但是大多数人并不能自动自发心情愉悦地去做这些事，

往往需要反复多次地自我激励，才能像喝中药一样强捏着鼻子灌下去。显然我们在追YY的网文，打开电视看无脑的言情剧的时候，完全不需要做这样的心理建设。

因为我们在潜意识里已经把要变得更好更强更成功的行为视为吃苦，把能坚持去做这些事并且不以为苦反以为乐的那些人视为不正常的异类。而跟大部分人保持同样的行为习惯，将时间都消磨在不用动脑就可以让人轻松的琐事上，会让我们感到安全且放松。

如果能理解这个理论，你就能理解为什么成功人士，尤其是娱乐圈的红星们，或多或少都有心理上的问题了。尤其是为什么诸如小甜甜布兰妮、林赛·罗韩、艾米·怀恩豪斯等年少成名名利双收的美少女们，会选择用常人难以理解的方式各种作死，而且一路作死下去。

布兰妮开始作死之后，大家再也不关注她的音乐，只对她忽胖忽瘦的身材大开嘲讽模式。人们总是意有所指地称这些作死行为及后遗症为——成功的代价。

因为她们都是异类，各种作死的举动表面上看是迟来的叛逆期，其实是对平庸生活的渴望和对成功的恐惧这两种截然不同的情绪之间产生的矛盾，使她们脱离了对自己的掌控。吸毒、酗酒、药物上瘾、酒驾、厌食症、偷窃癖等自毁的举动，不过是她们无声的告示牌，她们试图告诉那些迷恋她们的人，你不要把我想的太与众不同，我和你一样都只是不完美的普通人而已。

这种试图证明自己是普通人的个体本能从众心理，就是成功人士尤其是娱乐圈明星们心理障碍的主要来源。异类们在成功后逐渐感受到自己的生活发生异化的过程，同时也是心理压力逐渐加重的过程。这其中蕴含的道理很简单，从人类开始群居之后，我们就像是个体能力极为弱小的食草动物一样，遇到危险唯一的应对策略就是合群逃跑，一旦落单就会被猛兽吃掉。所以存在于我们身上20万年的本能告诉你——合群是安全的，离群则意味着危险。

当你是个loser的时候，比如你是千万个横漂中的一员，或是写字楼里数以万计的普通文员中的一个的时候，你又穷又累看不到未来，一夜成名或者出任CEO对你来说就是个遥不可及的梦想，但你知道这个世界上有成千上万人属于你这个群体，你不缺乏安全感。你会想，反正我的问题是大家都会面临的，所以就这么过下去好了。

吃饭睡觉打豆豆是我们生活的常态，那些把鸡汤当真还为之努力的人真是异想天开。如果有人真的因此成功了，嗯，他一定是走了狗屎运，要不就是他比我们聪明，本来就不属于我们这一类人。这是大多数人的心态。

当你脱离了平庸的群体走向成功，就意味着你离群成为了异类，不能再融合进群体里，走到哪里都会有人认出你，不经过你同意就拍你，干扰你的一举一动，通过你的零星言行judge你。尽管你只是在某一方面获得了成功，其他方面并没有因此而变异，但是在他们眼里，你已经不属于他们的群体。

你的生活方式因为成功变得和绝大多数人都不一样了，但你的同类却寥寥无几，甚至少数可以沟通感受的同类都是你潜在的敌人，你变成了孤零零的一个人，再也没有人可以理解你的感受。这种本能的不安足以摧毁你的大部分成就感和满足感，也就是你的快乐和幸福。从工作量来说，成为明星之后的你未必有当横漂时那么累，但是你已经失去了当初那种憧憬成功的幸福感，你只有恐惧，恐惧如果你不能维持成功会怎么样，恐惧这种"更上一层楼"的焦虑是不是永无尽头。

在2008年拍摄的纪录片《布兰妮：记录在案》中，布兰妮讲出了她真实的感想，"没有兴奋，没有激情……即便坐牢，你也知道会有出狱的一天。但我现在的处境，似乎永不会结束。"

你的思想会变得消极，你会失眠、抑郁、暴躁、易怒……这些都是你的本能在向你报警，催促你回到人群中去，这样你在遇到危险的时候，才能获得群体的保护。成功往往意味着个人生活的丧失，你会一直被窥视，无法真正放松下来，一直找不到安全感，所以压力就这样一点一滴地聚集起来，让人身心俱疲。如果找不到合理的减压渠道，你只能求助于药物、酒精，或者在他人看来不可理喻的疯狂举动，天知道你只是想泄愤而已！当一个异类真的太TM难了！

"当艺人们年少成名，"布兰妮以前的唱片制作人说道，"他们意识到错过了自己的童年。到了二十一二岁，他们想，'15到20岁间，我一直在工作，如今我要补偿自己。'他们突然发现生活比音乐更重要。以布兰妮为例，当她想要学习着去生活时，周围却总有300多个镜头对着她。如果你觉得那不会影响她的心理，那就太天真了。"

林赛·罗韩最喜欢引用玛丽莲·梦露的一则名言来解释自己的出格举动，"我自私，没有耐心，缺乏安全感，我还会常常做错事，经常失控，但如果你不能应付我最差的一面，你也不值得得到我最好的一面。"但残酷的现实是，人们从来不会同情成功者软弱的一面。

异类如果不能强大如自信高傲的狮子王，就只会被庸众的恶意吞噬干净。我们热衷于围观每一个像我们一样有弱点会崩溃的成功者，否则我们这些牺牲了成功的机会选择平庸幸福的普通人，还有什么道德上的优势可言呢？

嗯，如果你不能理解何谓道德上的优势，大可以重看一遍《穿Prada的女魔头》的电影以及原著小说，里面充斥着平庸的合群者安迪对于异类米兰达的道德攻击。尤其是原著小说，如果说电影拍得像一部积极向上的鸡汤片的话，那么原著小说中的尖酸刻薄和自以为是，则充分暴露了庸众们对于异类的傲慢与偏见。

梅丽尔·斯特里普扮演的米兰达满足了庸众们对于异类的一切想象：他们趾高气扬，目空一切，不尊重别人，颐指气使，无理取闹，所有的命令都不合情理。办公室不能没人留守，哪怕膀胱酸胀；电话不能没人接听，即使正在手术台上；任务不能不完成，就算过期护照也得让它生效……米兰达要从狂风大作的迈阿密飞回纽约，要哈利·波特还未出版的手稿给女儿们看，这些不可能的任务就是助理们的日常工作内容。

他们深度入侵下属的私人生活，挤占他们的个人空间。他们认为工作是最重要的，加班是家常便饭，一切都得围绕工作打转。所以他们可以理直气壮地让安迪没办法陪父亲过"家庭日"，更因为工作错过了男朋友的生日派对。啊，简直坏得一无是处，不可理喻。

而他们那么变态也是有理由的，就是他们在私生活中是个loser！离了一次又一次婚，没有太多时间关注子女的成长。米兰达不过是将私人生活中的挫败感发泄到工作中的女魔头罢了。哼，她对我那么刻薄肯定是因为嫉妒我的生活比她幸福。哦，所以你看女人那么强悍那么成功有什么用，还不如像我一样有个厨师男友每晚给我做夜宵幸福呢。

米兰达虽然事业成功，但家庭破裂私生活一团糟。安迪虽然平庸，但有爱她的男友幸福的生活，这也算是大众对女强人最常见的偏见和刻板的印象了，似乎成功的代价就是个人生活的完全丧失。但是看看米兰达的原型，VOGUE的美国版主编安娜·温图尔吧，她的个人生活经营得很好，依然在享受爱情，虽然离过一次婚。但是请注意，事业成功和生活美满从来就不矛盾，有人可以两者皆得，有人则一无所有。

有趣的是，观看这部电影时的不同反应，基本上可以区分你是异类还是庸众：你站在米兰达这边，OK你是异类；如果是安迪这边，恭喜你站在了群体之中获得了安全感。或者稍微温和一点地说，这部电影会教导你如何成为一个平庸的人。

1.永远不要热爱你的工作，更不要尝试去理解它的意义。

无论在电影还是小说中，我们看到的都是安迪对米兰达的抱怨和对时尚行业的嘲笑态度。她不热爱时尚，当然这种鄙视的态度很好地掩盖了她的自卑，她并非不在乎时尚，只是她没有足够的金钱和审美让她去接近时尚。所以她和男朋友嘲笑那些节食的同事，嘲笑为了去巴黎时装周而疯狂的艾米莉。

因为她不尊重自己的工作，更不明白这个行业的价值，所以她无法理解米兰达的伟大之处，不明白为什么她那么有权势。拜托，如果米兰达只是个无理取闹的更年期妇女而没有任何真才实学的话，大家为什么会像对待女王一样对她又敬又怕？她怎么可能走到今天这样的位置？

可惜，抱怨老板这种庸众的"政治正确"路线，让她一直将米兰达放在了自己的对立面，选择自己不感兴趣的工作混日子，这样就有借口来解释自己为什么成不了异类。她本来有机会从这个行业内数一数二的人身上学到很多东西，却认为自己是去动物园看猴子的游客，将为工作燃烧激情的人视为可笑的猴子。

2.把Boss当成学校里的老师，如果得不到小红花就拼命抱怨。

学校里的老师会告诉你该做什么，为什么做，但是你的Boss不会，因为你给学校交学费，公司却是给你开工资的，你的Boss没有任何义务去教你。所以，你做了正确的事是应该的，你的回报是你的工资和升职加薪的机会。你做错了事被骂也是应该的，因为你辜负了公司对你的期待，浪费了他人的时间和金钱。

深究起来，安迪的朋友们觉得她变了，不是因为她变得时尚了，而是她变得有专业精神和忘我的工作态度了。他们曾经的共识是，认为朋友聚会、男友生日、家庭日等的重要性都要高于工作，认为米兰达是个恶魔式的老板。但是安迪急于证明自己能力的决心使她背叛了这个小小的平庸者同盟，她不再抱怨工作的烦恼，甚至爆发出了米兰达式的工作至上的激情，在她曾经的同盟者眼中，她的行为简直就是不折不扣的堕落。

3.从不渴望超越他人，只想做一朵超凡脱俗的白莲花。

办公室政治其实就是后宫戏的缩影，是"金枝欲孽"，是"后宫甄嬛传"。如果你不能将别人踏在脚下成为进阶的铺路石，那么你就只能成为他人通往成功之路的敲门砖。安迪试图做一朵不同于米兰达的白莲花，但是come on！你要有多傻白甜才会以为你表现得越来越好不会威胁到第一助理艾米莉的地位？《天桥》不是世界上唯一存在办公室政治的公司，如果连这种程度的竞争都接受不了的话，那么理想主义者安迪无论到了什么行业，都会失望的，而她的事业也将永远停滞不前。

如果是因为不喜欢工作的现实一面而选择离开的话，安迪就是一个落荒而逃的失败者。

原著小说中的安迪从来没有重视过在《天桥》的工作，因为她认为自己是有抱负的文学青年，是要进入《纽约客》这样的杂志做记者的。《天桥》？不过是跳板而已，忍受一个女魔头一年，她就有足够的资历去想要去的地方工作了。所以她把受《天桥》的影响逐渐变得时尚、有干劲和进取心的转变视为一种异化的表现并且对此深恶痛绝，"如果一定要靠出卖灵魂和不断地背叛来获得成功和优越的生活，那么我宁愿选择平凡和贫穷。"

但是电影中的安迪和原著有了很大的不同，很多人以为安迪选择离开，是选择了平凡和贫穷的生活。只能说他们根本没有看懂这部电影，她只是选择了去她更为擅长的领域去实现梦想而已，对成功的渴望其实一直镌刻在她的信仰里。但是为了不得罪平庸的大多数，导演选择用一种模棱两可的方式来处理影片的结局，她换上了T恤牛仔裤，好像还准备和人生追求已经不一致的前男友复合……似乎是个happy ending。

可是你不那么傻白甜的话就知道，只要不选择离开职场，想要取得成功，就免不了要有所牺牲。你还是会遇到性格暴戾的上司，还是会因为各种各样的情况加班，会和事业轨迹人生规划不一致的朋友甚至伴侣渐行渐远。你的个人生活被吞噬得越彻底，离成功就越近。你想要追求自己真正想要的东西，就必须要学会放弃。

是的，每个人都想成为米兰达，但并不想承受因为要成为她而必须做出的牺牲。归根到底，成为异类还是庸众，这是一个群体性的心理难题，你必须要和你的本能打一场持久的战争。**只有能够承担坚持特立独行时所受的压力，并转化为前进动力的人，才能战胜从众心理，并且不被成功带来的巨大不安所毁掉。**

如果你不是一个内心强大的人，那么选择做一个平庸的人，也不啻为一种幸福。

中国女人为什么不"敢"变老？

　　开宗明义，我先回答一下标题提出的疑问，中国女人不"敢"轻易变老的症结在于：亚洲文化中以男权审美为基础的价值观崇尚的是少女脸，或者更直白一些，是"处女脸"。从18岁的男孩到88岁的男人对女人的审美都没有变化，喜欢的都是18岁的少女。

　　所以终其一生，中国女人都要和岁月作不懈的斗争，争取自己能"冻龄"，多维持几年"少女脸"。因为这样才有可能讨男性的喜欢，甚至能证明自己的生活是幸福的。比如，在最美港姐吴婉芳的新闻报道中，媒体就会写"有网友认为吴婉芳容颜不老，除了得天独厚外，最重要是嫁得好，与富商丈夫胡家骅夫妻恩爱如昔，有子有女，生活幸福无忧。"

一旦上年龄的女星被拍到素颜便服的照片，就有媒体说她因为生活不幸福才显老。比如，邱淑贞、王祖贤。导致当年的天然大美人也不得不用玻尿酸随时伺候着自己的脸，妄图将之保持在少女状态，在外人看来可笑又可叹。

"处女脸"这种在我看来简直是历史倒退和充满了对女性歧视性的名词是最近才诞生的，而且据说各大整容机构已经将处女脸作为网红脸的升级换代标准向有意整容的女孩推荐。所谓的"处女脸"指的是以林允为代表的一批女星，她们长相无辜、气质清纯，天真的表情和举止让男人们不由自主地产生一种保护欲。

中国男人千余年来为什么对处女脸如此追捧？专栏作者侯虹斌分析的特别透彻，因为清纯禁欲平胸的"处女脸"，是女主角的标准，可以显示女性温驯、乖巧、无欲无求、宜室宜家，因此也是好掌控的、可以好好谈恋爱的；那么性感火辣的，必然是有能力的、有攻击性的、贪得无厌的、不断索求性的，是邪恶的，这是女反派或者拜金女郎的标配。

在中国，像安吉丽娜·朱莉那样艳丽而又危险的熟女脸是没办法演女一号的，性感、独立、有主见的30+女性往往是脸谱化的蛇蝎美人。她们唯一的用途是给傻白甜的少女脸女主添堵，用种种花招手段离间男女主之间的感情，而显然，患有性冷淡的男主只能被小白兔式的女主治愈，而对性感肉弹式的熟女免疫。啊，没错，我讲的就是《美人鱼》的剧情啊，男主宁肯去泡一条鱼，也欣赏不了张雨绮。

　　《美人鱼》里如此脸谱化的少女脸女一和熟女脸女二的角色设置倒像是个巨大的隐喻，它暗示着中国社会直到现在还是不懂得欣赏成熟的女性。在影视剧作品中，32岁以上年龄段的女性形象是长期缺席的，在热播剧《咱们结婚吧》中的高圆圆和《欢乐颂》里的安迪，她们的年龄都不能超过32岁，而且她们个人之前有多优秀，她们的生活重心也从事业上转向"如何将自己嫁出去"，电视剧的结局往往以她们成功地嫁人生子为happy ending。

　　似乎从此之后她们的生活只能围绕着家庭打转，当她们再次出现的时候，已经变成了神神叨叨的妈妈或者婆婆。比如，现在的妈妈专业户张凯丽和潘虹，以她们的演技完全可以驾驭《傲骨贤妻》或者《我的危险妻子》中女主角的表演，但是她们并没有这样的机会，因为无论在大荧幕还是小银屏上，我们都很少能看到以中年女性为主角的故事。不要和我说《贤妻》和《小丈夫》，那种挂羊头卖狗肉的中年傻白甜才不是30+女性的真实人生。

当她们的少女脸不再的时候，她们早早就开始扮演起各种母亲和婆婆，角色高度重复化和套路化，没有突破，没有发挥空间。从媳妇到婆婆，其中起码有20年的时间，是一片空白，没人关心一颗果实是如何从青涩到成熟的。人们喜欢的是看着一朵花开，到她花落结果，就认定是她一生的结束了，就好像女人生下来就是为了繁殖而存在的。殊不知，成熟的日子才是女人一生中华彩篇章的开始。

这是东西方价值观巨大差异的一种具体体现。好莱坞的一线女星中少有少女脸，而基本都是熟女脸，很多登上过美国电影网站TC Candler"百大最漂亮面孔女星"的欧美女星在国内的审美看来都是get不到颜值的。比如，茱莉亚·罗伯茨、莎拉·杰西卡·帕克、桑德拉·布洛克、凯特·布兰切特，等等，似乎从来就没有过"少女脸"的阶段，她们大红大紫的时间段都已经是作为成熟女性的形象出现了。

如今的她们也许比不过自己20出头时的颜值，但是岁月带给她们的不仅有脸上的皱纹，更有一种成熟女性冷静、自信、坚韧的个人魅力，她们不再任人掌控，更不再人云亦云，也无需以怯弱的姿态等待男性的保护。她们的三观稳定，不会任由他人搓圆捏扁，她们不需要结婚也能一个人过得很好。没有自信的幼稚男人无法欣赏她们，甚至会厌恶和惧怕她们，但是成熟的男人却更喜欢这种势均力敌的爱情。比如，《纸牌屋》里的下木总统夫妇。

如果你细心观察之后就会发现，欧美主流电影电视剧中的女性角色也多半都是成熟的女性，这也是为什么那些出演小鸡电影〔它直接来源于"小鸡文学"，指那种专门写给年轻女子看的青春时尚文学。在美语里，小鸡（chick）本身就是意为"妞儿"的俚语，所以中国翻译成"小妞电影"〕起家的女星们不到30岁就急迫转型的原因。好莱坞给"少女脸"的机会并不多，除了出演恋爱脑的青春片和各种女儿妹妹的花瓶式角色，少女脸基本没有用武之地，而且竞争还相当激烈，毕竟容貌姣好的少女层出不穷，且小鸡电影也不需要太多演技。

一旦从少女脸不能成功过渡到熟女脸，对欧美女星意味着彻底地flop。比如，薇诺娜·瑞德、克里斯丁·邓斯特、林赛·罗韩，甚至还可以加上歌坛的小甜甜布兰妮。曾经的少女脸代表人物娜塔莉·波特曼和瑞茜·威瑟斯彭也是靠着《黑天鹅》和《一往无前》那样的剧情片才完成了艰难的转型，证明自己已经不再是个靠脸蛋演戏的少女花瓶。

被称为"好莱坞永远的少女"的薇诺娜·瑞德说自己在二十多岁的时候就希望能够转型，她说，"我想被允许变老……"她想尝试更多更丰富的女性角色，而不只是因为一张美丽的脸而被瞩目。她希望人们能注意到她美丽面孔之下的东西，一些真正能证明她是谁的东西。"很多女人害怕变老，或者，社会在试图让你觉得变老是一件糟糕的事情。我正好相反。我享受着变老的过程。"

不同年龄段有不同年龄段的美，青涩有青涩的美，成熟有成熟的美，青涩时无需加速催熟自己，成熟时也无谓刻意扮嫩，而亚洲文化对于少女脸这种单一审美的偏执，不可不说是很遗憾的。不同阶段的人生有不同阶段的追求，在主要的繁殖期之外还有大段大段的时间，这些时间同样富有意义，这才是将人与动物区分开来的最本质的原因。动物的一生围绕的重点是求偶和繁殖，而人类不是，所以变老并不意味着人生从此进入了垃圾时间。

但是中国人，无论是男人还是女人，都把女人变老视为洪水猛兽。《红楼梦》里的宝玉爱的也是"少女脸"，他的名言"女孩儿未出嫁，是颗无价之宝珠；出了嫁，不知怎么就变出许多不好的毛病来，虽是颗珠子，却没有光彩宝色，是颗死珠了；再老了，更变得不是珠子，竟是鱼眼睛了。"可以说是很多人的心声，这种想法认为女子结婚嫁人之后，不仅外貌在变老，就连人格都变得庸俗起来，再也不复年少时的纯真浪漫。所以"少女脸"还暗示着纯真善良吗？我似乎明白了什么的样子。

从清朝到现代，女性从家庭迈入了社会，不再是依附于"父亲、丈夫、儿子"的独立个体，却依然还在承受着从无价宝珠到死鱼眼珠子的评价，委实是太落后于时代了。

在这样的社会心理影响下，你就能理解为什么像刘晓庆那种老牌实力影后级的人物，还要在六十多岁的年纪一直不服老地扮演"丫头"，和80后甚至是90后的女演员们抢着出演少女脸的角色。因为一旦她"服老"，她就基本不再有扮演女一号的可能，除了"少女"，就是"婆婆妈妈"，这就是中国的女演员所要面临的最严峻的现实。比如，《琅琊榜》中扮演太子生母的越贵妃的演员杨雨婷出生于1978年，实际上比扮演太子的"尔豪"还要小两岁。

杨幂和刘恺威的婚姻到底有没有出问题我不好说，但是她和丈夫、女儿切割关系的做法无非是要保护她"少女脸"的招牌，一旦她热衷于在微博上秀恩爱秀娃，成天和老公一起搭档演出，无疑会让很多观众将她划归到"熟女"的行列里，对她出演言情剧的少女脸女一是个非常大的妨碍。如果她没有转型的打算，那么她的婚姻在外界看来将会一直处于这种冷处理的状态。

其实曾几何时我们也是非常熟悉且接受"熟女脸"的人设的，看TVB长大的我们爱的四旦里，陈慧珊、蔡少芬、宣萱、郭可盈全是熟女脸，她们在现代剧中扮演的全是三十多岁的新时代职业女性，工作和自我实现才是她们生活的重心，结婚生子完全看心情，没有缘分没有感觉的话no way，绝对不会急着"交卷"。她们对待事业和感情的态度不卑不亢，似乎永远都是自己命运的主人。

年少时的我近乎痴迷地羡慕着港片中的一切，直到现在我才清晰地意识到，我最羡慕的其实不是高楼大厦鳞次栉比的现代都市，也不是香车宝马缓带轻裘的时尚生活，更不是酒吧咖啡馆里的happy hours，我最最羡慕的，是她们所呈现出来的现代女性的生活方式，是她们告诉我，婚姻和家庭不是女人生活中的一切，而岁月也不是最令女人惧怕的敌人。**一旦你能够掌握自己的命运，你就不会不敢变老，因为你有底气等待能欣赏你的人出现，如果没有这个人的话也不要紧，起码你自己能够欣赏自己，也能够给自己足够的安全感。**

而这样的女性形象，反而在新世纪之后的中国银幕上逐渐消失了，年过三十的女性不是被妖魔化为暴戾的女强人，就是被脸谱化为恨嫁的剩女，她们存在的唯一功用就是劝告电视机前的女观众趁自己还有一张少女脸的时候赶快结婚，否则就会像她那么变态！嗯，充分说明我们的性别意识还处于社会主义初级阶段啊！

我之前两份工作的大 Boss 都是女性，在职场上也接触过不少35+的优秀女性，她们既不是狂躁的女强人，也不是隐忍大度以德报怨的所谓"贤妻"，她们有着和自己年龄相称的精致仪容，不会扮嫩装少女，也不会觉得嫁人之后就是黄土埋半截的"黄脸婆"。

她们从三四线小城市里走出来，没有家世背景没有原始财富，她们能走到今天，靠的不是一张少女脸，而是将个人实现优先于一切的努力和决心。年龄不是她们的减分项，皱纹也不是她们的敌人，因为她们的价值，不是靠脸去证明的。她们当然也爱美，但是不会强求要达到逆转时空的效果，她们能够坦然接受岁月的痕迹，因为她们的内心自信且自足。

说真的，如果中国影视剧里能好好还原出这样的人物，无论男性还是女性的少女脸痴迷症大概都会有所好转。红颜易老美人迟暮并不是什么可怕的事，相反，如果一大把年纪还不能摆脱以色事人的思维，才是比变老更值得女性担忧的事。

以白瘦锥子脸为美的审美趋势，才是这个时代对女性最大的伤害

任谁也不能否认，二战之后全世界的女性地位都有了显著的提升，男女平权再也不是一句说说而已的空话。虽然一切还不尽完美，但是中国女性已经享受到了数千年来前所未有的平等、尊重和自由，已经是一个巨大的进步了。然而不幸的是，历史并非永远向前进的，它经常会有倒退，会走弯路，而历史的每一次小的不起眼的拐弯，牺牲的都是一代人甚至几代人的健康、幸福，乃至是生命。

前天在豆瓣看到了两个戏剧性的帖子，首先是一个男人披着马甲吐槽自己的女朋友，嫌她太胖而且没有前女友会打扮，带出去感觉很丢自己的人所以想分手。结果这个帖子被女友发现了，她也气愤地开贴回应说，"想问一下身高160体重50公斤真的算很胖吗？这一年上班真的很累，经常加班，确实很少像以前一样打扮自己了。我每个月工资比你高三倍，吃我的用我的，竟然还嫌我不够美。"

我看了一下妹子发的图，如果这样都算很胖，我觉得这个世界对女性真的是太不友好了。谁知道居然还真有人回应说，"女生过百了当然算胖啊，楼主你应该反省一下自己，你男朋友这样来吐槽也是可以理解的。"而好脾气的楼主还说，"那好我去减肥。"

当时我整个人都不好了，什么时候我们对女性体重的要求已经发展到80斤刚刚好，90斤要警惕，过百就群嘲的地步了？曾经的我们可以接受环肥燕瘦多元化的美，但是何以如今的我们反而退步到和韩国一样开始鼓吹流水线出厂的整齐划一却毫无个性的美了？

相比起贞操锁、裹小脚、紧身胸衣这种明显伤害女性身体的道具，或是剥夺女性工作权、投票权、遗产继承权等带有性别歧视色彩的举措，进入新的千年之后，对女性的压迫、歧视和洗脑的套路变得更加隐蔽，让人难以轻易辨认出来。比如，以白、瘦、锥子脸为美的审美标准，往往是打着追求完美自我、追求时尚潮流的旗号出现的。

嗯，一开始这股思潮的出现不过是商家促进消费的惯用手段之一，只有消费者对自己永远不够自信，认为自己不够完美，她们才会心甘情愿地掏出大把金钱重塑自己。不够白？那就多买美白化妆品打美白针。不够瘦？那就花钱去健身、吃减肥药买营养品。没有锥子脸？那就飞韩国整个容最不济也要打个瘦脸针。

维密2014年的广告显然就是这种思想的代表，维密天使们身着内衣的图像配以"完美的'身材'"（The Perfect 'Body'）的广告语，引发了轩然大波。作家Sarah Vine在《每日邮报》中写道，"在励志（aspiration）与励瘦（thinspiration）之间有一条界线，这则广告显然已经越界；他们所使用的'完美'这个词，不仅冒犯了没有模特'完美'身材的99%的女性人群，还非常的不负责任。"

经过消费文化多年的洗脑，很大一部分女性都自发地成为了这套价值体系的拥护者，她们将自己的颜值和身材与是否能获得幸福和成功画上等号。不止一部影视剧或者文学作品将女性角色的脱胎换骨表现为变瘦、变美、会穿衣打扮的三部曲，似乎只要做到了这三点，女性生活中的一切烦恼都迎刃而解，出轨的老公会浪子回头，下岗女工也能变身女强人，刁蛮的婆婆立马破功跪舔，连顽劣的孩子都一下子变成小天使了呢！

《家有喜事》里吴君如扮演的大嫂就是这样一个典型意象。当她是一个黄脸婆的时候，无论她多么孝敬公婆把全家照顾的井井有条，她也是不被爱的，而且电影还给人一种你那么不懂得爱自己活该被老公抛弃的感觉。当她变成白瘦美之后，她才有了被爱的资格。然而，我们似乎从来没有对男人有过这样苛刻的审美要求。

娱乐圈的种种乱象无疑为这种审美的深入人心起到了推波助澜的作用。男明星们无论小鲜肉老腊肉还是国民老公都栽在了网红脸的手里，看王思聪、林更新、罗志祥、郭富城都乐此不疲的样子，甚至连吴亦凡被爆出约炮的对象，几乎都是一个模子里倒模出来的玻尿酸过剩的脸……然而我已经看到有人朋友圈的截图说，有吴亦凡的粉丝兴高采烈地觉得自己和偶像又近了一步，以前觉得高不可攀，现在看来只要减个肥再攒钱整个容，还是有机会被看上之后春风一度的。

而本来各有特色的女明星们也都把自己按照"美的标准"返厂重修了一遍，你说啥？换头宝贝假脸姐妹团啥啥的我也不知道哦。不过我一直觉得最惋惜的是郑爽，本来她不是非常标准的美人，但是胜在气质灵动，楚楚动人。可是改造完之后，标准是标准了，却也泯然众人了。

然而我们一边在吐槽这些假脸美人的同时，依然在对女星们的外形指指点点。比如，嫌范冰冰太胖、张雨绮太壮、佟丽娅太黑、周冬雨单眼皮，等等。讲真，我们真的已经狭隘到了不能欣赏不一样的美的地步了吗？比起看到一张完美的脸在屏幕上连微小的面部表情都做不出来的时候，我还是更怀念那些五官不够完美却能够把戏演好的原装脸。

大多数女性根本没有意识到，只以白瘦锥子脸为美，是一种带有浓重的男权倾向的审美意识。它意味着任何人都可以用严苛且政治正确的态度来批评女性的外貌，并将之作为评判女性价值的重要标准。

我认为在《X战警：天启》里扮演琴的索菲·特纳很美，然而大批中国影迷则评论说她太壮了、腿太粗了、脸太方了，简直丑爆了。我想用以下少数人的回复给他们好好洗洗脑子：

"像鲁豫和郑秀文这样过度减肥真的是一种美吗？我反对以过瘦为美，当然并不是说我在鼓吹以肥为美。我想强调的是我们能不能接受并欣赏健康自然的美？"

我当然不是说女性没有追求美的权利，让自己变得更美变得更好更自信一直是人类发展进步的阶梯。我强调的是，不要成为审美观的奴隶，尤其是不要成为他人审美观的奴隶。只要身体健康，心情愉悦，精神状态够好，就不用去管自己是不是还不够瘦不够白不够美。

我相信关于美的真正定义才不会那么狭隘，**每个人接纳自己的不完美并且不再为此焦虑的时候，才是最美的时候。**

我觉得郑爽和郑欣宜的经历最能说明问题。郑爽地狱式减肥并因此暴瘦的事情大家都知道，当时看被爆出来的照片真的太心疼了，不仅是那种瘦得脱了相的样子让人心疼，更重要的是她那种憔悴的心神恍惚的状态也十分让人担心。

她和父亲一起上真人秀节目《旋风孝子》的时候精神状态一直不好，用各种借口躲避上餐桌吃饭，只抱着半块西瓜吃。后来她敞开心扉说自己为什么要减肥，因为她也是这种价值观的受害者，所以她焦虑的是如果她变成了一个大胖子，观众就不喜欢她了；如果观众喜欢胖子的话，她吃东西也没什么不可以。

可是，她所认为的胖，仅仅是48公斤的体重而已，她身高可是168！她在贴吧的小号称自己的理想体重是40公斤，最多不能超过42公斤，为了达到这个理想，她把自己的元气都消耗成了一根竹竿，一张纸片。可怕的是，还有不少媒体赞许她的这种行为，称她为"励志姐"，还向粉丝兜售她的绝食减肥法……

我觉得这个世界简直是疯了，用这种疯狂的审美观去胁迫女人以伤害身体为代价实现所谓的美，这和逼人裹小脚才是美你不裹脚就嫁不出去的理论有什么区别？为什么换了一种方式虐待女性给她们洗脑，就能被冠以"励志"的称号？你看看郑爽那张毫无神采的脸，你好意思说出"励志"这两个字？

杨紫被爆整容也是同理，可爱的小雪长大了却被导演嫌不够美不够瘦不能演女主角，别再跟我说锥子脸才适合上镜这种鬼话，好莱坞的大荧幕上也不是一水儿的锥子脸啊！《战长沙》里的圆脸湘湘还不够健康不够美吗？

而肥肥沈殿霞和郑少秋的女儿郑欣宜因为在聚光灯下长大，遭受到的恶意和侮辱就更是难以想象。其实一看郑欣宜就知道她遗传了母亲的肥胖基因，减肥对她来说是很难的事情。但是她也努力去减了，毕竟为了身体着想减肥也会比较健康。

但是她的努力一直得到港媒最刻薄的嘲讽和观众无理的非难，她坦言，从小到大都与"胖"字画上等号，被外界用耻笑的眼光看待，大家关注的焦点都在她的身材上。例如，玩过山车，人家会问"你坐得进去吗？安全带扣得到吗？"参加毕业典礼会被问"毕业服有你的尺寸吗？"根本没人在乎她的毕业成绩。

她从最胖时候的90公斤瘦到了50公斤，但每次她的体重稍有反弹，媒体就拍她各种角度显胖的照片，用"暴肥""痴胖"这样的形容词去写她。她减肥之后在无线主持儿童节目，有一次为了节目需要她扮演白雪公主，后来有多通投诉电话打到无线说怎么能让肥女演白雪公主，简直是给小朋友留下生理和心理上的双重阴影。港媒把这件事当作笑料报道出来，可是有没有人考虑过郑欣宜的感受？

从青春期就一直在和自己的体重做斗争的郑欣宜经历了十几年的减肥——复胖——再减肥的历程，终于在2014年决定停止减肥，她在Facebook上说，"不会再强逼自己。"对于有报道称，她与任职外国网上杂志摄影师Silas Lee拍拖兼半同居一事，蜜恋中的欣宜笑说："我现在好开心呀，有人不介意我肥还是瘦，他是喜欢我这个人，喜欢我的内在美。"

她最近是这样的，虽然不够瘦，但是整个人状态很放松很开心。她说还是会定期体检和健身以保持健康，但是生活中的一切不再围绕减肥这个重心来进行了。

她的复胖宣言里有一段话特别值得我们所有人反思，我贴出来给大家看看：

"我的Main point(要点)不是讲减不减肥的这件事，是讲做自己这件事，每个人最难做到的事就是去包容自己的缺陷，从缺陷之中找到美。以前的我也瘦过，但是我看回自己，却觉得自己很丑，因为我不开心！我觉得瘦不代表靓，不代表开心，也不代表健康。我觉得最重要的就是要身心健康，拥有身体上的健康和心理上的健康，才可以散发最靓的靓出来。亚洲人眼中什么叫作美？是被框死了的，我不想再很盲目地去追求这个社会所认为的靓的东西，而忘记了我是谁。从现在开始重组自己，开展健康的生活！"

我觉得她很勇敢，她讲出了这种大家都认为对的审美观是错的，而我希望能有越来越多的女生认同这样的价值观不要再盲目地折腾自己，更希望整个社会的思想都不要再鼓吹这种不健康的价值观。

伦敦新市长萨迪克·汗就下达禁令，禁止在伦敦公共交通系统张贴可能会引起"形体自信"问题的广告。市长先生表示，"作为两个十几岁女孩的父亲，我对于此种广告倍感担忧。这些广告可能会贬低人们，尤其是女性，让她们对自己的身材感到羞耻。是时候叫停了。"

女性过度瘦身引起的健康问题在欧美一直都是大问题，在此之前法国直接立法禁止模特用绝食的方式减肥，禁止网站宣传绝食方式的减肥，禁止演艺公司雇佣特别瘦的模特，等等。因为这会诱使许多年轻女性效仿，进而产生更多的健康问题。

而我们自己，到底要到什么时候才能理直气壮地朝着那些对女性外貌身材指指点点的人，大声地说一句："关你屁事！"呢？我美不美，用不着你们来告诉我。

Find
what you love
...

Part 2

情　　感

你才是自己
的 全 世 界

我永远不要做吃相难看的女人

　　曾经的玉兰油女神Mandy Lieu深陷宫斗剧，和正宫轮番斗法抢夺澳门赌业大亨周焯华的闹剧，终于从八卦杂志的边角料上升为头条。因为正宫陈慧玲松口答应离婚，分走约41亿人民币的财产。Mandy瞬间被封为"史上最强小三"，据传最后的杀招还是"子嗣"，生下头胎女儿没多久的Mandy，被爆出为上位又急速怀上了二胎。这大概是史上最悲哀的"史上最强"了吧。到了21世纪，两个有手有脚能靠自己吃饭的女人，尤其是25岁就赚到了人生第一个100万的Mandy，居然还在重复千余年来一夫一妻多妾制的中国传统社会里的女人命运，用尽一切上不了台面的手段去伤害别的女人，以换取男人多一点点的宠爱。而这个所谓的宠爱，无非是吃得比原来好一些，穿得比原来好一些。然而这样的奖赏，就可以让男人和围观群众观赏到女人如牢笼中的斗狗一般不死不休玩命撕咬的场景。这吃相，真真是忒难看了。

无论是大刘刘銮雄的后宫转圈撕逼也好，还是关之琳宣布离婚同时暗示刘嘉玲和前夫有暧昧也罢，我看到的就是一个个有颜值有智商有能力甚至自己也很有钱的女人，依然过得很不快乐，而她们不快乐的根源，还是男人。她们接受过良好的教育、用心保持容貌和身材、努力发展自己的事业，这些都不能填满她们的生活，让她们有安全感和幸福感。因为她们把这些原本美好的特质，都当作抢夺更好的男人的必要条件。她们并不在意男权社会物化女性，因为她们打从心底就接受了这样的认定，研究生要比本科生聘礼多十万，留着处女膜，才能拿到百万富翁相亲大会的入场券……

"我为什么要让自己变得更好？" "因为这样才可以抢到更多更好的男人啊！"抱着这种想法的女人，无论她表面上掩饰得有多么好，终究是个吃相难看的女人。

吃相难看的女人，从来不在乎自己碗里有什么，她只是盯着别人碗里的菜，觉得好吃极了。

曾几何时，"史上最强小三"这个名头，是大名鼎鼎的玉婆伊丽莎白·泰勒的，比起这位真女神的情史，Mandy之流明显不够看了。泰勒一生结过8次婚，有7个老公。她的第四任丈夫，是当时百万级唱片的畅销歌手艾迪·费舍尔（Eddie Fisher）。而这个丈夫，是她从好友黛比·雷诺兹（Debbie Reynolds）手中抢来的。原先艾迪夫妇和泰勒的第三任丈夫迈克尔·托德（Michael Todd）也是至交好友，两个家庭关系非常融洽，经常一同出游，艾迪夫妇的小儿子的名字用的都是好友的姓Todd。

然而，这一切都随着1958年托德乘坐的飞机在新墨西哥州坠毁而化为乌有。艾迪和黛比第一时间赶到泰勒的身边安慰她，艾迪更帮助泰勒处理了托德的后事。就在这段时间，因为丧夫而悲恸不已，急于抓住一些什么的泰勒，将目光投向了曾经的好丈夫、好爸爸艾迪。我想，也许这个世界上没有哪个男人能抗拒泰勒的魅力，又或许是他们根本无法抗拒婚姻之外的新鲜感带来的刺激。

可想而知，当艾迪宣布要和黛比离婚并且火速和泰勒结婚的时候，这是一桩多么轰动美国的丑闻。如果艾迪和黛比是一对普通的美国夫妇，影响力可能会小一些，可艾迪和黛比是当时好莱坞最受欢迎的明星夫妇。尤其是黛比，她是经典歌舞片《雨中曲》中娇俏可人的女主角，她能唱会跳，在电影中扮演的多半都是清纯、健康、开朗的女孩儿形象，尤其是她脸上时常绽放的天真笑容，更让她成为50年代的国民甜姐，男女老少都喜欢她。

这是一个农夫与蛇的故事。黛比毫无心机地将不受女星们待见的泰勒当成好朋友，这个好朋友的回应却是，说都不说一声，就抢走了她的丈夫，而且还将责任推给了她。泰勒说，"如果这桩婚姻是幸福的，那谁也破坏不了，但黛比和艾迪的婚姻不是这样。"

苍蝇总喜欢为自己的举动解释说，"苍蝇不叮无缝的蛋。"但事实是，天底下不存在没有问题的婚姻，两个人绝对不可能做到完全的无异议和同步。在有心人眼里，这些都是可以乘虚而入的"缝"。

泰勒和艾迪于1959年结婚，这段婚姻维持了不到五年，以泰勒婚内出轨理查德·伯顿而告终。从艾迪离开黛比的那一刻开始，他的事业就不断走下坡路，一方面由于观众的抵制，另一方面因为婚姻的不幸。泰勒惊讶地发现，这个在黛比身边的好丈夫好爸爸，和自己结婚之后变得完全不一样了。她需要很多很多的爱，需要男人无时无刻无微不至的体贴和关怀，而艾迪做不到。他之前和黛比的相处方式是两个独立而又互相理解的成年人，而泰勒更像是不讲道理只会撒娇的小孩子。

不用说，他们两人都很失望，更失望的恐怕是泰勒，她发觉抢过来的东西似乎不像原来看到的那么好，但她不懂的是，那个好男人艾迪，是需要另一半的合作才能塑造出来。不是说抢到了，你就会得到原先的一切。不付出努力，你什么也得不到。

这一点是很多吃相难看的女人永远不会考虑的，她习惯于羡慕嫉妒恨那些比她幸福的人，太遥远的她够不到，就把眼光放在自己的闺蜜、同学或同事身上。"她明明和我差不多，甚至某些方面还不如我，凭什么老师、上司、男神喜欢她不喜欢我？凭什么她学习比我好，赚得比我多？凭什么她老公这么爱她对她这么好？她肯定耍手段了，就是个绿茶婊，我有机会一定要揭穿她的真面目，把她拥有的都抢过来！"

她不会去观察和思考别人为之付出的努力，哪些地方做得比自己好，更不可能衷心地为她人取得的成绩高兴。她有的只是强烈的不忿，嫉妒别人拥有的一切，成天想的只是怎么去抢别人的东西，而没有意识到与其花那么多功夫去抢别人的，不如把这些心思用在正路上，说不定比她羡慕的"别人"要拥有的更多。

况且，任何你靠"抢"才能拥有的东西，别人照样也能抢走。

如果你不幸遇到了吃相难看的女人来抢夺你的东西，你可以回抢也可以Let it go。但最关键的是，提醒自己永远不要成为那样的人。否则，就算抢赢了，你也输了。

如果按照国内传统情感剧的路子，当时遭到丈夫和闺蜜双双背叛的黛比应该展现圣母光辉，默默流泪还要祝福二人，之后努力奋斗变强变美等待丈夫的幡然醒悟浪子回头。如果按照天涯八卦的路子，黛比就应该迅速转移两人共同财产，让丈夫变成穷光蛋，之后利用舆论的力量把小三搞臭，让两个狗男女又丢工作又没钱，最后乖乖回家当老婆奴……

但黛比觉得，当艾迪做出了选择，要泰勒而不是她和一双儿女的时候，她就应该放手了。如果丈夫的心需要和别的女人争抢，那么只能说明他的心思早就不在这个家了，何必让大家都这么累呢？除了艾迪，她还有家人、事业，还有百老汇的舞台等她去施展才华。她的世界绝不会围绕一个男人旋转。因为，这个世界上又不是只有一个男人。

黛比出生于传统的美国南方家庭，家教甚严且重视家庭价值。她晚年的时候回忆，她的母亲非常重视餐桌礼仪，从小就教育她要做一个真正的淑女。"永远不要做吃相难看的女人。这是我的母亲对我的忠告。"黛比说。小时候她以为吃相难看，单纯指的是不要张开嘴咀嚼食物，不要在喝汤的时候咕噜咕噜。长大了才知道，母亲教给她的更多是做女人的基本守则，"不要盯着你弟弟碗里的食物，不要觉得他人碗里的食物更香；不要因为男孩手上拿着你喜欢吃的冰淇淋，就贸贸然给他一个吻；吃自己劳动换来的食物，才最心安理得……"

　　黛比此后的人生就是在为她的人生信条做注脚。一个幸福的家庭可能会被破坏，你拥有的东西可能会被抢走，但是一个人让自己幸福的能力，谁也抢不走。黛比之后加倍投入拍片，用心教育一双儿女。他们也都是圈内人，儿子是导演和制片人，女儿卡莉·费舍尔（Carrie Fisher）塑造了《星球大战》中经典的莉亚公主一角，永载电影史册。而她也多次表示，妈妈黛比是她人生的支柱，是她最崇拜和最爱的人。黛比筹建的好莱坞博物馆，更是以惊人的个人馆藏为好莱坞的黄金时代留下了永久的印记。

　　她之后还有过两段十几年的婚姻，每一段都留下过美好的回忆，她不用去争去抢，也一样会有优秀的男人爱上她。所以当艾迪和泰勒离婚之后，又向她透露出渴望破镜重圆的讯号时，她只是笑笑说，"我的生活早就翻篇儿了（就是move on 啦，我觉得翻译成翻篇儿比较贴切一些），除了你是孩子的父亲这一点永远不会变之外，其他的一切都变了。"

然而在泰勒去世之前，倾听她抚慰她的依然是黛比，"‘上了年纪真不容易’‘确实如此。黛比，真不容易’我说，‘伊丽莎白，你要坚持下去’。她回答说，‘我尽力，我尽力’。上帝保佑，现在她去了更好的世界。我真高兴她摆脱了痛苦，因为生前她承受了巨大的痛苦。"曾经的情场胜者最后却得到了输家的怜悯和安慰，这才是真正的"活久见"。

也许你会说，在如今这样弱肉强食、奉行丛林法则的社会里，竞争不就是要去争去抢吗？如果你什么都不在乎，最后不是被人啃得骨头都不剩？竞争的方式有很多种，正当的竞争比拼实力无可厚非，但是用下作的手段去陷害人、孤立人、排挤人，那我宁愿输。

尤其是那些把手腕和心机都放在抢男人这一项伟大事业上的女人，恕我无法点赞。如果你把你生活的重心、实现幸福的可能都放在男人身上的话，想要当一辈子的赢家真的很难，就算没有小三小四小五，终有一天你也会发现你的个人空间和价值被压榨得几近于无。到那时，"你"究竟又是谁呢？

我觉得嫁个有钱人或者抢到个有钱人生娃，社会价值单薄得可怜的人被称为"史上最强"或者"人生赢家"的观点是非常可怕的。反之，那些独身、靠自己能力在这个社会上立足的女性被称为"女强人""剩女"。我们在为这个社会灌输的是什么样的思想？我们的舆论导向是不是在鼓励这个社会有越来越多吃相难看的女人？

所以，还是要努力赚钱。我努力赚钱，不是因为我爱钱，而是这辈子我不想因为钱和谁在一起，也不想因为钱而离开谁，更不想因为钱去抢别人的东西。因为，我永远也不要做那个吃相难看的女人。

婚姻从来不是保护弱者的城堡

最近娱乐圈真是很热闹，而且大新闻都与婚恋有关。先是沈腾终于在沸腾的民意中和相恋12年的女友王琦领证了；接着爆出邓丽欣与方力申这对荧幕和现实中的CP在恋爱10周年纪念日决定分手的消息；最后在周日，四爷吴奇隆和若曦刘诗诗这对"步步"CP在巴厘岛举行了梦幻般的婚礼，新娘子刘诗诗美得像开了挂一样，让之前许多担心这对相差了17岁的老少恋不般配的吃瓜群众都松了一口气。

在这三对情侣分分合合的新闻中，最引人注目的是围观群众的立场，他们基本都把自己带入了女方娘家人的立场，生怕自己家闺女受了委屈：沈腾你和人家谈了12年恋爱都不娶人家，你个不负责任的渣男，王琦的青春都被你蹉跎掉了；方力申你不知道邓丽欣期盼着结婚吗？你还说什么顺其自然，她能不心灰意冷吗？刘诗诗干吗喜欢离过婚的大叔啊，看吴奇隆前妻马雅舒的爆料他好像很抠门啊，对赌协议给的股份现在又不能换成钱，如果3年后赚不到那么多钱，刘诗诗还要跟着他一起还债！

再看之前的明星婚恋新闻，你就会发现大家站的立场基本上是一致的。文章陈赫出轨，大家同情正室怒斥小三；姚晨Selina离婚，大家第一时间站在女方的角度审视男方是否有"渣男"的可能；梁朝伟刘嘉玲结婚，周慧敏和倪震先分手后又闪婚，大家都有终于了结一桩心事的感觉，庆幸男方终于承担了责任……

其实两个人的事情只有当事人最清楚，但是围观群众几乎不用思考地就站在了女方这一边，说明了我们内心都未必意识到的一个真相，就是我们潜意识中认为：婚姻关系更多是用来保护女方的。更进一步来说，因为在婚恋中女方多半是弱势一方，所以婚姻就是男方这个传统中的强势一方用来体现自己保护弱者责任的承诺。

所以这也就不难理解，为什么同样是恋爱长跑多年，沈腾不结婚比方力申不结婚要面临的压力更大。因为无论是从事业发展上，还是日常生活中的依恋程度来看，方力申和邓丽欣还算得上旗鼓相当势均力敌。就像查小欣在微博里评论的那样，"当有些事情改变不了，好歹有过甜蜜的10年。幸好两个人还年轻，有健康，有事业，放过自己，放过对方，明天会更好。"

当女方相对男方而言不算太弱势的时候，人们才会比较容易接受一段感情的破裂不是因为谁有错，而仅仅是因为不适合。《好好恋爱》里他们合唱过这样的句子，"共你相识三千天我没名无姓庆幸也与你逛过那一段旅程／放下从前一段感情才能追求将来你就似没存在／从今开始该好好恋爱／曾失恋的都必须恋爱／下段道路定更精彩。"

他们在电影里有这样一段很感人的对白，"每一段爱情都需要忍耐，还能忍受就是因为爱。"然而当不能忍受彼此的时候，友好分开也是一种正确的选择。

但是在沈腾和王琦的关系之中，沈腾是相对强势的一方，尽管我觉得从颜值来说，沈腾比王琦要差一大截。但是，对于沈腾一直不结婚的行为，王琦和家人的表现几近于怨妇，既绝望又卑微。

沈腾在真人秀节目上的求婚看得我尴尬症都犯了，男方一脸不情不愿找镜头的表情，女方则当众痛哭到仪态全失的地步，这哪像是被求婚喜极而泣的幸福感啊，不知道的还以为是沈腾坐了20年冤狱被放出来了呢……

王琦当时说的话真是卑微到尘土里，她表示结婚是她自己，也是他们全家人最大的心愿。看姑娘的父母在求婚现场搂在一起哭得撕心裂肺的样子就知道所言不虚。

姑娘啊，你刚三十出头，当年也是漂亮得眼神会发光的军艺戏剧系出身的校花一枚啊。现在连没读过几年书的农村姑娘都不会把结婚当作是自己最大的心愿了，她们都想要去外面的世界闯一闯看一看的啊！

听说现在都有老师用"你现在不好好学习以后是要结婚的！"这样的话来激励女生好好学习了。为什么像王琦这样长得好看也能赚钱养家的女孩子的心愿，却还是和古代那些被限制了受教育和独立权利的女性一样呢？认为嫁给一个能让自己依靠的男人就是一个女人一生最大的成就；如果他日此人事业有成衣锦还乡，没有抛弃糟糠之妻更没有派杀手杀了她，就恨不能要为他立一座生祠日日烧香供奉了。

武志红老师说过，"男权社会要求男人行，男权社会的女性也渴望男人很行。"尽管现代社会不再是男权至上了，即便有很多女性自己能力也很强，不需要依靠男人也能生存，但是"男人相对行，女人相对不行"这种观念依然深藏于我们的潜意识之中。

男人让女人相信自己更强的方式有两种：一是展示自己的优点；二是否定女人的优点。于是，男人普遍习惯于否定女人，也习惯伪装的自己很牛逼。漫长的男权社会造就了这种集体无意识，逼婚、逼生，连女人自己都张口就来"男人三十一枝花，女人三十豆腐渣""女人不结婚就是变态，女人不生孩子一生就不完整了"这样的奇葩言论。

不然，为什么大家只感叹爱情长跑中女方虚耗了青春，却从来不感叹男方也不再年轻了？因为很多女人都自认为，年纪大了就不值钱了。现实中也确实如此，在中国目前的婚恋市场里，女人可选择的婚嫁对象的素质是随着年龄逐渐升高而快速跌落的。不论女人的颜值、学历、教养如何，年龄是含金量最高的一条标准。中国男人嘛，就算到了七八十岁，迷恋的依然是二十出头的女孩子。

我老家是四线小城市，我有几个恋爱不顺的女同学，30岁还没有结婚，别人都开始给她们介绍40多岁有婚史的男人了，她们只能选择给别人当后妈，或者独身。但是三十多岁没结婚的男同学们，还在不疾不徐地和二十多岁的女孩子玩着恋爱游戏。

三十多岁的年纪，在中国婚恋市场里正是男人吃香，女人贬值的时间段。这也难怪陷入了爱情长跑的男女，对待婚姻各有一番态度，女人不敢轻易松手，男人不愿轻易松口。沈腾在接受采访时的这番言论，也许可以代表很大一部分男同胞的心声。"现在就觉得，如果我不娶王琦，就是众矢之的。都在说，你看人12年都跟你了，你得对人家负责任啊。其实他们现在还不懂，这种责任负起来之后，可能以后是个麻烦。"

　　其实我大概可以理解沈腾的意思，在这样强弱悬殊的关系中，其实不仅弱者是受害者，强者本身也是受害者。因为双方关系的极其不对等，以至于不可能存在真正平等的交流，强者任何试图调整二者关系的努力，都可能会被弱者及其支持者看作是一种不负责任的行为。这就好比陈世美如果在科举之前和秦香莲离婚，大家还可以理解他说的"感情不和谐"的理由，但他在中状元做大官之后提出这个问题，尽管可能他们真的已经没有感情了，陈世美也是要被钉在耻辱柱上被人们唾弃为始乱终弃的小人。

　　所以担心刘诗诗会在婚姻里吃亏，担心吴奇隆太抠门不愿意为刘诗诗花钱的群众，倒是多虑了，她在乎的根本不是这些。以刘诗诗今时今日的地位，她选择和吴奇隆走入婚姻，并不是为了给自己的未来找个什么保障。她难道还得靠吴奇隆才能过上物质条件优渥的生活吗？笑话！吴奇隆能给她的，她自己就给不起自己吗？

　　对一个偶像女演员来说，结婚并不是什么加分项，恐怕还是减分项。如果她真的是为了给自己的生活更好的保障，她大概不会选择吴奇隆。但是她明知道吴奇隆有着这样那样的劣势，她还是用浓得化不开的眼神紧紧黏着他，这不是真爱又是什么呢？我们为她的戒指、婚礼和聘礼所费多寡操碎了心，她本人却表示完全不介意。本来也是，她要的就只是那个人而已。如果有一天，他们之间真的没有爱了，她要那些身外之物又有什么意义呢？她又不是养不起自己。

　　强者无需一纸婚书来确认双方"保护与被保护"的关系，因为婚姻中的得失他们都承受得起，所以他们是平等的。相对的，弱者将幸福生活的可能全部赌在强者是否愿意承担婚姻这一责任之上，结果却总是屡屡失望。

　　还有一条离婚的消息让我很是触动，那就是诗人余秀华终于离婚了。很多人可能会问我余秀华是谁，她就是去年因为《穿过大半个中国去睡你》这首诗一炮而红的脑瘫农民女诗人。余秀华1976年出生在湖北横店村，因出生时倒产、缺氧而导致脑瘫，使其行动不便，说起话来口齿不清。高中毕业后，余秀华赋闲在家，她尝试过出去打工，因为干活儿慢被排斥，不得已又回家务农。2009年，余秀华开始写诗。

脑瘫、农民，这些标签贴在诗人这一身份之上，有很多猎奇的味道，也使得很多人因为她的身份而错过了那些从她心口喷出来的诗行。我先选两首给大家读一读：

《给你》

一家朴素的茶馆，面前目光朴素的你皆为我喜欢。

你的胡子，昨夜辗转的面色让我忧伤。

我想带给你的，一路已经丢失的差不多，

除了窗外凋谢的春色。

遇见你以后，你不停地爱别人，一个接一个，

我没有资格吃醋，只能一次次逃亡。

所以一直活着，是为等你年暮，

等人群散尽，等你灵魂的火焰变为灰烬。

我爱你。我想抱着你，

抱你在人世里被销蚀的肉体。

我原谅你为了她们一次次伤害我，

因为我爱你。

我也有过欲望的盛年，有过身心俱裂的许多夜晚，

但是我从未放逐过自己。

我要我的身体和心一样干净。

尽管这样，并不是为了见到你。

《我养的狗叫小巫》

我趿出院子的时候，它跟着，

我们走过菜园，走过田埂，向北，去外婆家。

我跌倒在田沟里，它摇着尾巴，

我伸手过去，它把我手上的血舔干净。

他喝醉了酒，他说在北京有一个女人，

比我好看。没有活路的时候，他们就去跳舞。

他喜欢跳舞的女人，

喜欢看她们的屁股摇来摇去。

他说，她们会叫床，声音好听。

不像我一声不吭，还总是蒙着脸。

我一声不吭地吃饭，

喊"小巫，小巫"把一些肉块丢给它。

它摇着尾巴，快乐地叫着。

他揪着我的头发，把我往墙上磕的时候，

小巫不停地摇着尾巴。

对于一个不怕疼的人，他无能为力。

我们走到了外婆屋后，

才想起，她已经死去多年。

19岁那年，父母开始张罗余秀华的婚事。来自穷地方比她大13岁的四川人尹世平"嫁"入她家，成为上门女婿。父母的初衷觉得余秀华是不折不扣的弱者，给她找个丈夫生个孩子，以后他们先走一步，丈夫和孩子也能照顾她的生活。没想到，这个丈夫却是余秀华痛苦生活的根源。

《每日人物》的记者杨璐写了一篇名为《诗人余秀华，终于，离婚了》的报道，在报道里是这么描述这场婚姻的：

"那时候有铺天盖地的忧愁，19岁的婚姻里/我的身体没有一块完好的地方/我不知道所以延伸的是今天的孤独……"争吵不断的日子里，余秀华如此写道，她称它为"青春给了一段罪恶"。

尹世平常年在外打工，但收入从来不给家用。直到两人的儿子读高中后，才勉强支付了部分学费。

有一年，尹世平在荆门打工。春节到了，老板拖欠了800元工资，他让余秀华跟着去讨要，说，"等老板的车开出来，你就拦上去，你是残疾人，他不敢撞你。"

余秀华问，"如果真撞上来怎么办？"尹世平沉默了。余秀华转身就走，心想，在你眼里，我的生命就只值800块钱？还不如一头猪。

此后，他们之间没有了任何交流。在余秀华眼里，家对丈夫而言，只是一个春节过年的地方。即便是春节，为了避免吵架，两人也不睡一个房间。

"在婚姻里，我和他都是暴君，都残忍。它给我的好处远远没有一朵花给我的感受多。"余秀华说。

在这场寻求强者保护的婚姻里，余秀华发现自己找不到安全感。丈夫不负责任，好吃懒做，喜欢喝酒，喝醉了还让她端茶倒水为他洗脚。刚生下孩子的时候余秀华就想离婚，但是母亲反对，怕她老无所依。成名之后，离婚的念头更坚定了。因为在这个时候，她已经不是那个担心离婚后就无人照顾的残疾人，那个弱者了。"我真的不是说想结束一段婚姻而寻找新的感情。我就是想从心里把我这种恐惧感去掉。"余秀华说。

很久以前，初代杀马特们喜欢用这段话做签名，"我一生渴望被人收藏好，妥善安放，细心保存。免我惊，免我苦，免我四下流离，免我无枝可依。"嗯，妥妥地物化自己的节奏。然后我顺便告诉她们这段话的下半句是，"但那人，我知，我一直知，他永不会来。"

弱者最基本的姿态就是哀求，无论是结婚，还是离婚，他们都没有主动权，只能等待强者的决定，这也意味着他们将自己的喜怒哀乐，全部系于强者一人之身。成名之后余秀华最直观的感受，就是她有了主宰自己命运的底气了。

"虽然我不知道以后的生活是什么样子，但是我按照自己的心愿完成了这件事情，我不指望以后的生活可以获得幸福，我问心无愧。"离婚后，她在一档节目里说。

她变得更爱美了。今年正月，她去了一趟美容院，做了纹眉和染唇，花了一两千元，她有些心疼，却又觉得值。她觉得自己还是一个小女孩，夏天的衣服都是裙子。有时又会担忧，脸上起了皱纹，紧急买了眼霜。

在这个迟到的春天，她终于可以将生活的重心专注于自己了。**假若我们执着地认为，幸福就在于找对一个人，那么可能我们终生都找不到自己的答案。世上永远不会真的存在Mr Right和Miss**

Right，现实生活中遇到的所有问题，不可能通过遇到这个人，和他结了婚，就全部解决掉，然后你就获得了憧憬已久的幸福。

婚姻从来不是保护弱者的城堡，你以为躲进去，就能一生幸福快乐，不是的，从来都不是这样。如果你拥有的一切，都是别人给你的，那么他想收回去的时候，你也无力反抗。而且就现行的《婚姻法》来看，弱者在离婚时就更是弱势群体，基本权利得不到保障。所以不要把自己未来生活的全部可能性都压在一个男人，或者一桩婚姻之上，争取做自己命运的强者，你才有可能遇到真正尊重你、欣赏你的强者，只有强强结合的婚姻，才是最有安全感，也最值得走入的城堡。

我终究是做不成亦舒笔下的女子

开篇须得先问正在恋爱或者已婚的各位，如果现在天上突然掉下一块大馅饼，你继承或者买彩票中了八位数、九位数，甚至是任何你觉得足以让余生过得无忧无虑的财富，你还会不会选择和现在你身边的那个人继续在一起？自从读了亦舒的《假使苏西堕落》和《承欢记》之后，这是我在每一段恋爱，包括迈入婚姻殿堂之前都要问自己的问题。

相比起喜宝、玫瑰那样传奇的女子，《承欢记》中的女主角多少有些平凡，甚至是不太自信的。麦承欢出身平民家庭，有个弟弟，父母双全，一家人挤在一间鸽子笼里。她从来没有第二个家，她在此出生、长大，一直没有离开过。平平淡淡长大、求学，毕业后在政府机关谋得稳定工作。更无聊的是，一开场，麦承欢已经有了个出身殷实家庭的未婚夫，他出得起首付买一套小公寓做婚房，还能帮助她弟弟上更好的学校。对长相平凡的承欢来说，已是最好的选择。麦承欢普通得就像生活在我们身边的人，甚至是我们自己。她是父母们最喜欢的女儿的类型，对中国的父母来说，一个女儿重要的不是她事业的成功，而是她是否能"听话"。不用父母操心乖乖长大，之后选择一条最为稳妥的道路去过生活。这个稳妥的道路，就是找个稳定的工作，然后嫁个比自家条件稍好的老公，相夫教子。

之前无数人的生活就是这样过下去的，如无意外，我们也将沿着这样的生活轨迹过完自己的一生。尽管偶尔会有不甘，会有挣脱和逃离的想法和冲动，但是翅膀早已被剪去，或者说，人类渴望飞翔的感觉本来就是一种错觉。因为，我们从来就不曾有过翅膀。然而，书中的麦承欢被亦舒安上了翅膀，她突然获得了一笔遗产，拥有了选择自己未来生活的权利。大多数人的婚姻与爱情并无太多关联，婚姻不过是选择一个还能过得去的对象一起肩负起组织家庭和抚养孩子的责任罢了。说得更直接一些，许多女孩子挑选的结婚对象，其实是一种经济上的保障。她们可能不会去衡量爱的成分有多少，但是一定会衡量和这个在一起之后会不会生活得更好。

经济基础决定上层建筑，此话不谬。当未婚夫能给得起的一切，承欢凭自己都可以得到的时候，她毅然做出了解除婚约的决定。她本想借他改变命运，但是现在命运已经改变，他自然无用了。莫要怨她翻脸无情，从某些意义上来说忠于自我本就是最大的自私。可惜的是绝大多数人并没有那个经济基础来保障他们做自己想做的事，更别提为自己而活了。所以回到最初的问题，假设自己有了足够的经济基础，你才能真正看清，你究竟是出于什么样的心态选择了现在身边的那个人。这是一个稍显残酷的现实，在没有经济基础做保障的情况之下所谈论的爱情，往往不像我们心中所想的那样纯粹。

也许是因为成年之后才开始读亦舒的缘故，被众多读者奉为经典的《玫瑰的故事》《圆舞》《喜宝》《印度墨》等对我来说没有太多故事之外的意义。我个人最喜欢的亦舒的三部作品，分别是《承欢记》《香雪海》和《假使苏西堕落》。同是无需为经济基础发愁的女人，和喜宝、刘印子这样衣食无忧的金丝雀相比，里面的三个主角都属于事业型的女子。她们珍视工作的意义，在工作中找到了人生的重心。正如师太在《世界换你微笑》里写的那样，"她所拥有的一切，均来自她的工作，大人给她继承的资产，不过作傍身用，为任何人与事牺牲或影响工作，都是愚不可及。"

香雪海本来完全可以吃巨额遗产的利息就能安然地度过下半生，但是她仍然选择回到职场打拼；承欢继承了遗产，可以自己买一栋房子，在告别男友的同时换掉了不喜欢的工作。不用为生计发愁的她们，就像不用被约稿条框束缚的作者一样，尽情地享受着工作本身带来的乐趣和成就感。如果说她们和以前有什么不同了，大概是她们无论是对爱情还是事业，都不再患得患失了，她们可以用更坦然的态度看待得失，不讨好，亦不会强求。她们的经济基础让她们有底气我行我素，到了这种地步，自然不用再累自己带上假面具做人。但是如我一般的平凡女子，生活中少不得要窥人脸色行事，稍有差池便有可能失业失婚，又如何能毫无顾忌地活出自己呢？

只有经济独立才有可能实现人格的独立，但是这并不意味着有钱就能过上有价值、有追求和有意义的生活。因为很多人视工作为痛苦之事，认为既然有条件享受，何不尽情行乐呢？这种想法不独那些不学无术的富二代们有，连一向自诩为高人雅士的董桥亦是如此。君请看夫子自道的小说集《橄榄香》中有篇《远山行》。

"远山先生说他一生功业就是娶了一个俏老婆。我说，你这辈子没打过工没上过班也是功业。他笑了笑，脸上浮起三分自得的神气。我从来不清楚他家祖上是靠哪个行业致富，有人说是靠地产，有人说是靠投资南洋橡胶园。"而"我"居然还"羡慕他也敬重他"。

里面的"富贵闲人"们彼此相敬如宾，没有夫妻问题，也没有子女问题，又远离俗世生活。我怀疑他们放屁都是香的，真是忍不住想刻薄他们两句。而师太的《喜宝》，便是对这种幻想的生活最好的讽刺。

可以说，喜宝一生最大的悲剧并非发生在她同意被勖存姿买下的那一刻，而是发生在她因为受冯艾森贝克被杀一事的刺激而放弃在剑桥的学业那一刻。在此之前，她是有野心和抱负的，因为被生活逼得无路可走，她容许自己被人买下。她需要的是这些钱帮她完成学业，成为一个年轻有为的大律师，这是一笔生意，尽管代价并不光彩。但是当她放弃了自己理想的那一刻，她的余生已经步入了坟墓。尽管她有很多很多钱，但终其一生，她也不过是勖存姿的未亡人罢了，她的人生再无快乐可言。在这场谁先爱上谁的游戏中，最终她还是输了，她的追求败在了勖存姿的追求之下。

所以现在看到有人将姜喜宝当作偶像，将她那句"我想要很多很多的爱，如果没有的话，有很多很多钱也是好的。如果这两样都没有，起码我还有健康。"当作座右铭，我就觉得十分可笑。喜宝这样彻头彻尾的悲剧本来是师太写来提醒世人的，可是太多人缺爱，又缺钱，所以自然会羡慕看起来"得偿所愿"的喜宝了。静下心来想一想，最终喜宝不是那个冲入围城的勖家人吗？当聪慧、家明，甚至是聪恕都走出了财富的囚牢，找到了人生的目标，重拾生活的斗志，进而获得久违的单纯快乐和内心满足的时候。喜宝除了钱已经一无所有了，她曾接济过的那个贵族之后、在巴黎大学美术系求学的勖存姿前情妇，也许就是她的明天。

《香雪海》里有句话说，"人们付出昂贵的代价，换取他们的理想，成功以后，随之而来的是失去自我，无限的寂寞。"《钢之炼金术师》中的"等价交换"法则，在现实中也是存在的。为了获得某种东西，需要以同等的代价交换，代价不够的话便需要以自己的任何部分（身体的一部分、记忆等）作为代价的填补而被拿走。

人如果不能成为金钱的主人，必然要成为金钱的奴隶。

洛克菲勒在给儿子的信里说，"我们的命运由我们的行动决定，而绝非完全由我们的出身决定。一个真正快乐的人，是能够享受他的创造的人。那些像海绵一样，只取不予的人，只会失去快乐。我相信没有不渴望过上快乐生活的人，但真正懂得高贵快乐生活从何而来的人却不多。在我看来，高贵快乐的生活，是来自高贵的品格——自立精神，看看那些赢得世人尊重的高贵的人，我们就知道自立的可贵了。受过教育，而无影响的人是一堆一文不值的垃圾。"

麦承欢、香雪海和苏西，都不是传统意义上的美女，可是亦舒却打心底欣赏这样的女子。她常常对美女叹息曰，"美则美矣，毫无灵魂。"在她看来，女子自立自强，知道自己在做什么，要做什么，远比美貌重要。她强烈地传递出一个信息，现代女性，必须有工作有事业，经济独立，才是安身之道。

有趣的是，亦舒在《香雪海》中塑造了一个名为"孙雅芝"，实则是在影射赵雅芝的美人来与香雪海作对比。她攀上的富二代的父亲恨恨道："现在我发觉蓄意培养出来的儿子，那口味原来跟三角码头的苦力没有什么不同。伊带那女人来见我，那女的跺双高跟拖鞋，脚跟全是老茧。""这个女人随便用手抓痒，皮肤出现一条条白痕——人怎么不分等级？要我让她进门？没这个可能。"我说："文化是重要的，衣食住行皆有其文化。"事后叮当以这个题目写了一篇杂文，"最有文化的饮料是矿泉水，最有文化的颜色是白色，最欠文化的食品是象拔蚌，最恐怖的鞋子是高跟屐。"叮当说她看过一部欧洲电影，女主角是安娜·卡琳娜，演一个在戏院中卖糖果的女郎，被从事艺术工作的爵爷看中，他为她抛妻弃子，结果还赔上性命。有场戏是糖果女郎搬进优雅的祖屋，带着她廉价的塑胶家具，她穿白裙，却隐现黑色的内裤，鄙陋得不堪入目。叮当说孙雅芝令她想起那个角色——"那种夏季不剃腋毛便穿短袖衣裳，还自以为性感的女人。"

亦舒在专栏文章中谈及自己心中美女的标准，"这是什么年代，'美人'岂能只有一张脸。学识起码打50分，仪态姿态20分，性情品格20分，剩下10分给眼睛鼻子已经很伟大。我想只有很小很小的人才喜欢典型的美女美男，我不欲钻研灵魂学，可惜人生不止齐齐跳到床上去那么简单，如果一个男人或女人在15分钟内便令同伴打呵欠，那么这个人美极有限。"

有人说亦舒的书害苦了一帮文艺女青年，对亦舒上瘾的女人多半落得个晚婚或者对伴侣的选择极为挑剔的地步。在我看来，晚婚也好，慎重选择未来伴侣也好，都不是一件坏事。在眼下这个25岁没结婚就被称为"剩女"的可怕环境里，晚婚的人总要承受来自社会的各种莫名其妙的压力。似乎不按着别人的人生轨迹去生活，就成为了某种社会的不稳定因素。

又有人说，无论表面如何，亦舒笔下的痴男怨女总还是讲求"门当户对"，他们不外乎总是衣食无忧的世家子弟，平民阶层出身的人不是被炮灰就是被嘲讽。其实无论到了什么时代，在什么文化背景之下，门当户对的理念都是一种常态。但是人生处于不同阶段的时候就会从属于不同的圈层，你可选择的伴侣基本不会脱离这个圈层，这确实是一种"门当户对"的体现。晚婚的人只要事业和圈层在保持往上走的话，他们可选择的伴侣的范围和品质，不会比早婚的差。尤其跟中国这样以赤裸裸的金钱去划分圈层和阶级所不同的是，在人格独立、思想成熟的人看来，门当户对指的是思想的"门"和人格的"户"，是三观和人生追求的对等。在当下的中国那些刚刚性成熟的二十出头的男女们，人生观都尚未定型，自己都不知道要选择什么样的人生道路，成为什么样的人，哪里懂得合理地选择携手一生的人？于是也只好在父母和所在圈子的影响之下，找个人凑合过家家罢了。

他们永远都不会懂，真正的爱情不是罗密欧与朱丽叶那样，两个人高唱"我的眼里只有你"，而是两个人的眼睛望着同一方向，为共同的目标一起努力。

朱碧云在《香港有亦舒》一文中说，"所以亦舒的女主角，大半是早早放弃了古典浪漫主义深情的女人，只以自爱自立为本。她们当中有单身的女强人，虽孤单并不叹怨，有时嘴巴还相当硬，笑话一大箩；也有最终找到另一半的（用头脑，而不是用心）——稳妥、开明、体贴的男人，是经历沧桑的女人最好的归属，与那种惊天动地、可生可死的爱情相比，这一种亦舒更有把握。"

　　从这个角度来说，亦舒的爱情观实际上是冷静又克制的。她认为被荷尔蒙、费洛蒙等分泌的错觉主宰的所谓爱情是不牢靠的，激情从来就不等于爱情。

　　这种爱情观念甚至可以一直追溯到柏拉图的《会饮篇》，柏拉图就曾经残酷地说过，"我们应该和喜欢的人结婚，而不是和爱的人结婚。"

　　太炙热的爱情甚至会烧毁一个人的人生，如果你还没有独立的人格和自我实现的追求，你很可能会被另一半的目标所吸收同化，从而变成对方的附属物。两个人在一起最理想的状态应该是彼此为对方打开了一扇通往新世界的大门，而不是就此关上了一方的门。两个人在一起应该拥有比原先更广阔的世界，而两个人分开也不会使天空坍塌下来。我喜欢安妮斯顿，但又为多年来都不能从情伤中痊愈的她感到惋惜。因为一个男人的离去，她再也没有了《老友记》中那样没心没肺的傻大姐笑容，变得像一个怨妇。她本来应该拥有更精彩的人生，可是她把皮特看得太重，根本无法像安吉丽娜·朱莉那样，把皮特当作一个共同走一程的伴侣。

亦舒说，"能够说出的委屈，便不算委屈；能够抢走的爱人，便不算爱人。""我不会为男人做无谓的牺牲，因为我自爱。只有自爱的人才有资格爱人，如果我不符合你的标准，请你自便。"

打个不恰当的比方，男人也好，婚姻也好，其实就像一个包包，一件衣服那样，是为自己增光添彩的一部分，而不是生活的全部。如果任其主宰自己的情绪，占据自己的人生，最后只能把自己变成对方的奴隶。正是因为有太多的人把自己的人生拴在了伴侣或是婚姻上，才使得每次的失去都堪比剜心之痛。一个人，无论男女，首先一定要做最骄傲自信的自己，当你有了为之努力的人生目标之后，你才会发现其他的一切，只是身外之物。

可惜现实是，如果没有那从天而降的翅膀，就算我们知道了再多道理，仍然不可能像亦舒笔下的女子那样全然忠于自己地过完这一生。我们依然不可免俗地要在世俗的物质世界中低下自己高贵的头颅，然而我竟不觉得沮丧。亦舒写小说，总还要为少女们造个梦，上流社会，俊男靓女。她现实中极欣赏章小蕙，不但之前写

《玫瑰的故事》影射她，离婚后更激赏她坚决不破产，努力赚钱还债的魄力，并欣然为她的新书《品位》作序。

亦舒这样说章小蕙，"靠自己，累是累一点，不过收获可贵，渐渐扭转一些人对她的看法，人家想什么其实不重要，不过是额外收获，锦上添花，自力更生才是正经。"

而章小蕙又是这样说亦舒对她的影响，"好奇地问亦舒为什么她作品里有这么别致的一个书名《这双手虽然小》？她答道：'是Lauryn Hill一首歌名*Those hands are small*。Those hands are small, but they are mine.这才是最珍贵的，你明白吗？'经她"点醒"过来，心中震撼地说不出话，这不就是自己的写照？这双手虽然小，却是自己的一双手，一笔一画地埋头苦干，把曾经所有失去的重拾回来。"

终究，美貌也好，财富也罢，都是锦上添花，我并不奢望做亦舒笔下婉转灵动的奇女子。但是我记得，女人最要紧的一件事是自力更生，这便足够了。那样即使我输掉了爱情，输掉了婚姻，也不会输掉我的整个人生。

我可以做什么？情不自禁地爱

　　芦丹氏（Serge Lutens）这个沙龙香水的品牌在六年前还是香水圈中的小众逼格代言人，谁知道2013年推出了La Fille de Berlin（柏林少女）这款香之后风靡全球，让无数女性掉入了"卤蛋"的大坑，从此义无反顾地踏上了漫漫吃土路。芦丹氏的香水向来以浓墨重彩华丽重口著称，而柏林少女，从名字就能看出来，它是一瓶具有少女气息的香水，当然，并不是小马哥家小雏菊的那种无忧无虑的傻白甜小妞。

　　在香水界数以百计的玫瑰香水中，柏林少女绝对是让人一闻难忘的存在。一般来说，单一花香味的香水如果追求形似，则难免失其神；如果追求神似，则又不复原物的单纯。入香坑的这些年来，玫瑰香水也买过不少，曾经最爱祖马龙的红玫瑰，年岁渐长却也渐渐厌烦了那种从头到尾甜腻的玫瑰花香。**年轻的时候，单纯是一种美好；长大了，单纯就变得无聊起来。**

我需要的是一朵有故事的玫瑰。柏林少女的出现恰逢其时，她不是生长在温室中有园丁细心呵护的珍贵品种，而是春日在山野墙边开得恣意的野蔷薇，香的如此漫不经心，肆意地收割着人们陶醉的眼神。胡椒和酸樱桃地加入让她的美不再单调，她的骨子里弥漫着清冷的气息，让人想靠近，却又不敢轻易靠近。

柏林少女海报卜传递出来的就是这瓶香水的气质——寒意萧索的冰雪大地上孤零零绽放的那一朵白铁玫瑰，不仅花枝上有刺，就连美丽的花瓣，都闪耀着锋利的气息。她一点儿也不温柔，对于敢于踏入安全距离的人，她会像野猫一样亮出爪子，但她妩媚中带着一丝丝慵懒的气息又会让人忘记她是危险的。如同方瓶中嫣红的液体，让你明知是致命的诱惑，却忍不住一而再、再而三地饮鸩止渴。

有人说柏林少女是吸血鬼传说中的血腥玛丽，哥特式的古堡、黑色蕾丝、苍白的肤色、酒杯中摇晃的红色液体是她的意象；也有人说她是热情刚烈的卡门，艳红的裙摆和激昂的《斗牛士之歌》诉说着她的不羁与率真。其实柏林少女没有那么猎奇，也没有那么热烈，我感觉她更像是《冰与火之歌》中的珊莎·史塔克，这位来自北境的甜美淑女，终于在历经人世沧桑之后，让自己的美带上了一缕凛冽的气息，是啊，"凛冬将至"。

可惜这些想象都是一厢情愿，调香师Christopher Sheldrake调制这款香水的灵感实际源自德国音乐家瓦格纳的大型歌剧《尼伯龙根的指环》，其中北欧女武神Brynhild（布伦希尔德）的遭遇才能诠释柏林少女给人的感觉为何如此复杂，美丽却又绝望。现在大概也只有沙龙香水保留着给香水起名如此有诗意的传统了，以前的每瓶香水名都是一个故事，背后可以挖掘的历史文化底蕴很多，现在商业香起的爱慕、嫉妒、光晕之类的名字都是什么鬼。

布伦希尔德是主神沃坦〔诸神之父奥丁（Odin）〕的女儿，她骑着白色的飞马从天空飞过，从马的鬃毛间落下露和霜，铠甲闪耀的光芒，像极光一样明亮。她在战场上赐予战死者美妙的一吻，并引领他们至英灵殿。她一切悲剧命运的起源，最初不过是她对有情人的一片怜悯之心。

这件事最初还得怨布伦希尔德那个到处留情的老爸沃坦，沃坦遗留在人间的儿子齐格蒙德在少女齐格琳德的帮助下得到沃坦特意留给他的诺顿剑，更巧的是齐格蒙德与齐格琳德竟是失散多年的孪生兄妹。可是两人已经深深相爱，"冬日寒风已消逝""只有你才是可爱的春天"，好吧，愿天下有情人皆是兄妹这种狗血桥段瓦格纳他老人家也没能免俗。

这事引起了沃坦妻子的不满，身兼沃坦的第二任妻子和婚约女神双重身份的她积极威胁沃坦惩罚这对兄妹。布伦希尔德被他们炽热的爱情所感动，决定救助这对同父异母的兄妹爱人。可惜，布伦希尔德没能救下齐格蒙德，在齐格蒙德决斗的关键时刻，怕老婆的沃坦亲自击断了他的诺顿剑，齐格蒙德被自己的老爹害死了。

布伦希尔德把被击断的诺顿剑交给已怀有身孕的齐格琳德，嘱咐她铸造成新剑并交给齐格蒙德的后代，为这位后代起名齐格弗里德，并预言这位后代一定是英雄。为了惩罚布伦希尔德擅自出手的行为，沃坦将布伦希尔德流放到人间的一座荒山之顶陷入沉睡，并用熊熊大火封锁。只有勇敢无畏的英雄才能冲过烈焰唤醒她，而这个人将成为她的丈夫。

然而，这么狗血的事情仅仅是开端而已，高潮是，长大了的齐格弗里德（你要记住，这位小伙儿的身份，他的名字是布伦希尔德起的。从血缘上来说，他是布伦希尔德如假包换的侄子，布伦希尔德既是他的姑姑，也是他的姨母）把那把断剑重新打造成新的诺顿剑，他奋力杀死守卫尼伯龙根指环的龙，齐格弗里德用龙血洗了全身获得了刀枪不入的不死之身，可惜他浸入龙血的时候，背后掉落了一片树叶，那片树叶覆盖的地方，就是齐格弗里德的死穴。

之后齐格弗里德唤醒沉睡了的布伦希尔德，英雄和美人沉醉在爱情之中。可惜，美好时光总是短暂的。对齐格弗里德别有用心的三个人设计让他喝下迷魂药酒，失去记忆的齐格弗里德迷迷糊糊地爱上了别的女人，他与姑娘的兄长歃血盟誓结为兄弟，并许诺把戴着指环等他回去的布伦希尔德许给他。

不知内情的布伦希尔德在婚礼上被齐格弗里德摘下了指环，并眼睁睁看着他将自己和指环交给了别的男人，愤怒的布伦希尔德发誓复仇，这位昔日的女武神一身红衣，如地狱归来的复仇女神，复仇之刃直入她曾经最爱的人背后的死穴（这个故事其实和希腊神话里伊阿宋和美狄亚的故事很类似，不同的是伊阿宋是自愿背叛了美狄亚）。当女神亲口告诉哈根齐格弗里德的致命弱点，看着他喷涌而出的鲜血，内心想必也在滴血吧？

布伦希尔德知道了这一切都源自他的父亲——众神之王沃坦对指环的占有欲望后，她的心情该是多么的绝望与凄凉？柏林少女的缥缈清淡是她当日翱翔于天际之时的孤洁身影，香甜的玫瑰气息像在讲述她与齐格弗里德的甜蜜爱恋；后调带着丝丝怒意的胡椒味道则是女武神遭到背叛时的内心写照。布伦希尔德最后把齐格弗里德放到莱茵河边的柴堆上，点燃熊熊大火，带着指环骑上战马跳进火中，随英雄而去。

　　柏林少女就是这样一支散发着决绝之美的香水。也难怪，Serge Lutens将柏林少女作为致敬作品，献给了二战前三位真正的"柏林少女"，三位昔日风靡德国的女神级人物。Billie Holiday（比莉·荷莉戴）、Louise Brooks（露易丝·布鲁克斯）、Marlene Dietrich（玛琳·黛德丽），她们无论从出身还是遭际都完全不同的女人，却因为相似的气质被后世铭记。她们都有着让人窒息的美丽，如同妖娆的玫瑰花瓣，她们的一颦一笑让男人为之飞蛾扑火，但是她们命运的旋律却隐隐唱着颓废自毁的曲调。无论命运待她们如何不公，她们都能坦然接受，从不低头，就是这一抹决然让她们的性感拥有了更深沉的内涵。

　　Billie Holiday，爵士时代三大天后级巨星之一，二战前颓废柏林的代表声音之一，不只因为她的肤色，还因为她的歌声。她是"灵魂歌者"一词的来源，听Billie唱歌，很少有人不被感动到落泪。与其说她是在唱歌，还不如说她是在娓娓道出令人心碎的故事来得更确切，她的音域虽不宽广，却渗透出生命幻灭的悲壮。这也是为什么《辛德勒的名单》中辛德勒冒着触犯法律的风险，也要听被禁的Billie Holiday歌的原因。

Billie Holiday生于1915年，当时还是未成年人的父母根本无法好好照顾她，她自小在贫民窟中挣扎长大，10岁时惨遭强暴，不久又被卖为雏妓。然而多舛的血泪童年，并没有让她对人生抱持以怨怼的态度，相反地，更磨炼出她珍视自我尊严的态度与坚毅不服输的个性。

在那个女性，尤其是黑人女性极受不平等对待的时代里，在酒馆当女侍谋生的Billie，对惯于轻视女性的男性酒客不屑一顾，也绝不会像其他女侍一样，卑微地捡取客人丢在桌上的赏钱。她的傲气与坚强，让萨克斯风好手，也是她一辈子最亲密的朋友——Lester Young（莱斯特·杨），为她冠上"Lady Day（淑女黛小姐）"的封号。

Billie有很可怕的择偶眼光，她总是爱上会殴打她的男人。或者说，她就像"精准的雷达"，凡是垃圾的男人，她都没办法不爱。她在*I must have that man*里唱道，"He treats me awful，Each time that we meet，It's just unlawful，How that boy can cheat，But I must have that man.”

　　因为肤色的缘故，Billie一直受着不平等的待遇，再加上童年阴影导致的自残倾向，她只好从酒精及麻药中寻找避难所，也因此进过监狱和戒毒所。直到生命最后一天，她的生活里只有唱歌、烈酒、大麻和海洛因，还有无数令她伤心欲绝的男人。

　　但是她留给这个世界的，是很多美好的东西。在她的名曲*God Bless the Child*中，Billie诚挚希望天下的孩子，都能平安长大，歌词教导孩子要拥有对物质生活的正确观念。她在歌曲中，将自己悲苦的往事化为音乐，由反而正，歌颂人性正面价值，因为，“她是那样地相信，一棵草一滴露，只要活着就必须抱着希望走下去。”

　　Marlene Dietrich，大家更习惯叫她玛琳·黛德丽，希特勒都为之心折的一代女神，是默片时代唯一可以和葛丽泰·嘉宝分庭抗礼的女星。她优雅冷艳的容貌中有一种脆弱又惑人的气息，从《蓝天使》中的歌女，到《摩洛哥》中的舞女，再到《上海快车》中的风尘女郎，玛琳·黛德丽以她那种迷茫中带着丝丝高冷的谜样气质收割了一批又一批男性观众，其中不乏20世纪历史上如雷贯耳的名字。

出生于柏林的玛琳·黛德丽，在二战爆发之后拒绝了戈培尔让她返回德国的建议，并发表强烈谴责法西斯主义的讲话，1939年加入美国国籍。后来她到北非和意大利前线为士兵们演出，成为了最受欢迎的劳军女明星，她演唱的名曲《莉莉玛莲》成为二战时德军和美军双方士兵都非常喜爱的歌曲，这首歌几乎成了"二战"中士兵们的精神支柱，既是控诉战争，也是一份无法释怀的乡愁。

多年后，一位幸存的英军士兵回忆说，"一天夜里，收音机里传来一位女歌手温柔的歌声，这歌声深深地打动了我，至今令我难以忘怀，虽然我一点也听不懂她唱的是什么。我们中的大多数人都一样，因为我们不属于德国的非洲军团，而是英国第八军——沙漠之鼠，但我们仍为这亲切的歌声所吸引，它似乎深深渗透到我们的内心。

"在距离我们不远的地方，德国士兵也在收听同一首歌，分享着我们的孤独与渴望。当时正是1942年春天，对阵双方的战士都远离家乡，我们都喜欢歌中的女孩。我想，无论哪个国家，战场上成千上万的士兵也一样。"

每个传奇人物都有数不清的或真或假的传说，玛琳·黛德丽也是如此。传说希特勒向她求过婚，她也曾经异想天开地想凭借希特勒对她的迷恋刺杀希特勒，"我会让他感觉我是真爱他的。"黛德丽说，她将与戈培尔商谈返回德国的事情，还会向他提出一个条件——与希特勒单独见面。由于意识到她将会被搜身，如有必要的话，黛德丽准备裸身进入希特勒的卧室，而她使用的武器将是一个毒发夹。

二战期间，黛德丽结识了艾森豪威尔和巴顿将军。从此，巴顿将军迷上了她。还有海明威，两人主要借助书信传情，在一封写于1950年6月19日的信中，海明威这样写道，"你真是越来越漂亮了……你这一生究竟想做什么样的工作呢？是想要轻易地让每个人都为你而心碎吗？你总是让我如此心碎，而我竟是那么的心甘情愿。"海明威曾向朋友透露，"当黛德丽浮在水面，游向那些追逐着她的目光时，我却沉没水底。"

其实在二战之前，黛德丽的事业已经逐渐步入低谷。二战开始之后为了参与劳军演出，她更是减少了拍片量，而纳粹德国为她开出的条件是要倾全国之力将她捧为"第三帝国"艺术界的标志性人物。面对这样的诱惑，以及德国长期对她"叛国者"的指控，黛德丽能够坚持自己的气节显得尤为令人敬佩。

　　玛琳·黛德丽并不是绝世美女，但是她不论扮演什么角色，浑身上下都散发出冷眼看世界的孤傲气质。她双眉高挑，细若柳丝，扇子般的睫毛下，眼神迷离缥缈，红唇又尖又薄，似笑非笑，好像在告诉你，"我就是不折不扣的柏林少女，一枝带刺的玫瑰，我的美丽，不是你能招惹得起的。"

　　但是我可以做什么呢？我只能情不自禁地爱上她，和她背后那群活得忠于自己的柏林少女们。

可是，这全世界只得一个你

"那些都是很好很好的，可是我不喜欢。"在姬达·塔罗（Gerda Taro）的葬礼之后，罗伯特·卡帕（Robert Capa）把自己关在屋子里，绝食了整整15天。之后消沉了4个月，等他重新回归俗世的时候，他开始猛烈地酗酒、赌博，他的名字频繁地和一些美貌出众的女子的名字连在一起出现在报纸上，其中最著名的是英格丽·褒曼。褒曼曾经放下身段求他去好莱坞，想和他结婚，可是，卡帕都拒绝了。至今让众多褒曼的影迷不忿，进而中伤他是花花公子、不负责任的男人。

他们不知道，卡帕是多么想和塔罗结婚，他曾经多么柔情蜜意地抱着塔罗，问她想不想要一个像他那么可爱的匈牙利宝宝……这世界是如此多姿多彩，有那么多的美酒和佳人，只是他想要的，不过是一个塔罗而已。

　　可天往往不遂人愿，塔罗被战争夺去了生命。她在西班牙内战的战场上拍摄惨烈的战况，临回巴黎之前，被坦克的履带轧过了腹部，内脏全碎。而当时，卡帕不在她身边，等着塔罗回来结婚的卡帕因此痛悔了余生。

　　其后，卡帕投入到更为可怕的战争报道中去，西班牙、中国战区、诺曼底和北非，到处都有他的足迹。他活了41岁，短暂的一生中参加了五次战争。直到塔罗离世十几年后，在越南战场上，一枚地雷将他带走和他一生中最爱的女子相会。塔罗死了之后，卡帕早已不是卡帕，只不过是一个一心求死的人罢了。

　　看完《等待卡帕》一书之后，我开始搜集关于卡帕和塔罗的资料，看到了这么一段话，"一个普通人，如果不知道罗伯特·卡帕，那叫作'遗憾'；一个摄影工作者，如果不知道罗伯特·卡帕，那叫作'无知'；一个战地摄影记者，如果不知道罗伯特·卡帕，那叫作'羞耻'。因为，他是摄影记者中，极少被'伟大'一词所形容的那一部分人。"

　　我觉得有些羞耻，虽然我不是战地记者，但是我年幼时曾经梦想要成为一名战地记者。如果不是猫叔的大力推介，我差点要和这本书失之交臂。我看到书名的时候只是想，等待卡帕，哼，我还等待阿迪王呢！

　　直到我看了一部分，我就按捺不住去查找卡帕的摄影作品。啊，原来那么多照片都是卡帕的杰作！原来我们早就熟悉，只要看到他拍摄的照片，就会对这对传奇人物产生浓厚的兴趣。比如，最经典的《一个忠诚战士的倒下》，这幅具有象征意义的作品以《西班牙战士》《战场殉难者》《阵亡的一瞬间》等流传于世。另外，还有《诺曼底登陆》《中国士兵肖像》《越南的悲剧》等。

　　在流传最广的关于卡帕的文章里有这么一段话，"罗伯特·卡帕，一个被虚构出来的人。在人们残留的记忆中，有这么一张照片，卡帕嘴角上叼着燃烧的香烟，手里摆弄着一架相机，他用一种平静的目光看着照片的浏览者。右上角有一行字：The man who invented himself. Andre Friedmann, alias Robert Capa, 1954.发明了自我的人——安德烈·弗里德曼，也就是罗伯特·卡帕。"

　　卡帕曾说，"如果你的照片拍得不够好，那是因为你靠得不

够近。"

斯坦贝克（J. Steinbeck）评论卡帕的作品时说，"对摄影我全然不懂，关于我必须谈的卡帕，纯粹是一个门外汉的观点，专家们得容忍我了。对我来说，卡帕的确是摒除一切疑虑地证明了相机不必是个冷冰冰的机器，像笔一样，用它的人有多好，它就有多好，它可以成为头脑和灵魂的展现。卡帕知道自己在寻找什么，并且当他找到之后知道如何处理。举例来说，战争无法被拍摄是因为它大致来讲是种'激情'，可是他的确在战争中拍到了"激情"，他能在一个孩童的脸孔上显示整个民族的优点。他的作品本身就是一张伟大心灵及不胜悲悯的照片，无人能取代他的位置，我们幸运地拥有他照片里人类的品质。"

可是这话说得并不太对，因为，卡帕不是安德烈自己创造和发明的，这一切都是塔罗的主意，因为他们是犹太难民，总是受到各方的歧视和敌意，于是塔罗杜撰了一个叫作"罗伯特·卡帕"的人物，听起来好像是个美国人。塔罗把卡帕包装成一个不露面的神秘摄影师，一个有品位的冒险者。

而塔罗就是卡帕的经纪人，她精通五国语言，受过良好的教育，美貌且气质优雅，她总是懂得如何待价而沽，高价把卡帕的照片推销出去。正是她，正是他们，一起开创了罗伯特·卡帕的事业。

如果不是因为塔罗的早逝，毋庸置疑，她将取得更加耀眼的成就。她在卡帕的指导下开始摄影，有很多体现她敏锐观察力的传世作品，而且她还是一名新闻记者，她的文字具有打动人心的力量。所以，尽管这本书名为《等待卡帕》，可故事的主人公，却是这名湮没人世近八十年的传奇女子——姬达·塔罗。

他是罗伯特·卡帕，20世纪最著名的战地摄影师；她是姬达·塔罗，人类史上第一位在战地殉职的女记者，也是令卡帕一生刻骨铭心的恋人。只是，在卡帕的耀眼光环下，后者长期湮没在历史烟尘中鲜为人知，直到她死后的80年。

2007年，因堪称新闻摄影史上最重要的发现——"墨西哥手提箱"的出现，姬达·塔罗才有机会以一名摄影记者的职业形象引起世人的足够关注。她的摄影作品图录与摄影个展分别于2008年和2011年出版与举行。2009年，更有西班牙作家苏珊娜·富尔特斯的传记小说《等待卡帕》出现，讲述了卡帕和塔罗之间的情感故事。

昨晚，我久久凝视着卡帕为塔罗拍摄的一张照片，照片里的塔罗留着一头男孩子般的乱发，穿着卡帕的男式睡衣睡得正香，她趴在枕头上，睡裤下露出了细细的脚踝。这是一张只有恋爱中的男女才能拍出来的照片，只觉得这照片里满满的全是爱，我几乎能看到当时卡帕是如何饱含爱意凝望着自己的爱侣。我能感受到他的骄傲，看啊，这就是我的爱人，她是如此狡黠、调皮，有那么多的鬼点子，总是能和大家相处得很好，不像我，总是有些粗鲁，还喜欢一言不合就和别人打架。可是，她却是属于我的呵！

如果再给塔罗一些时间，故事的结局可能不会这么凄美。她是如此有个性有思想的一个人，不会甘心一辈子都在卡帕的阴影下生活。他们或许会劳燕分飞，相忘于江湖；又或许彼此伤害，成为一对怨偶。可是，战争终结了这种种可能性，在那一刻，他们都是那么爱彼此。于是，对卡帕来说，全世界只有一个塔罗，除此之外都再无意义。

"如果你能归返的地方不存在，你必须相信自己的运气。随机应变的能力，还有冷血。这些统统都是我的武器。我从小女孩时就开始使用。所以我依旧活着。我叫姬达·塔罗。虽然我出生在斯图加特，但我是持波兰护照的犹太人。我初到巴黎，24岁，我活着。"

苦橙树下的阴谋与爱情

时间可以冲淡一切，但如果你对一个人的思念，深厚得连时间亦无法冲淡，那对方就是全世界最幸福的人，而你……就是全世界最悲哀的人。

今天天空有点阴沉沉的，我在为搬家的行李打包的时候，翻出了一瓶阿蒂仙（L`Artisan）的塞维利亚黎明（Seville a l'aube）。这瓶香水，国内也有人翻译为塞维利亚橙花，简单粗暴，因为香水的主调是橙花与苦橙叶的味道，后调里隐隐透出一缕没药和乳香的气息——典型的欧洲教堂里能闻到的味道。

如果你在春天去伊比利亚半岛（包括西班牙、葡萄牙、安道尔和英属直布罗陀），那么每个城市都会被橙花清新芬芳的香气所包围，这是因为街道边都种满了繁花满树的苦橙树，又叫塞维利亚橙树。到了秋季，黄澄澄的橙子从树上掉落，因为苦橙太苦，不宜食用，所以成熟后也无人采摘捡拾，倒是成为了街边美景。苦橙在公元九世纪由阿拉伯人带到中东，然后流传到意大利西西里岛，12世纪开始在西班牙的塞维利亚广泛种植，后来逐渐成为了西葡两国的代表树木。

以塞维利亚的橙花为主题的香水有好几个品牌都做过，但是我更偏爱塞维利亚的黎明，因为它保留了苦橙的涩意和教堂里那种渺然于世的清冷，不那么甜蜜，反而让人闻起来有些黯然神伤的感觉。一如伊比利亚半岛上那桩交织着血腥杀戮与生死相依的爱情，隔着700多年的时光看过去，仍然令人发出一声长长的叹息。

葡萄牙现存最大、最古老的一座教堂，位于小镇阿科巴萨的阿科巴萨大教堂（Mosteiro De Santa Maria De Alcobaca），这个原先是西多会修道院（Cistercian Abbey）的地方，安葬着故事的主人公，葡萄牙的第八位国王佩德罗一世（Pedro I，1320年4月19日～1367年1月18日）和他的爱人伊内斯·德·卡斯特罗（Ines de Castro，1325年～1355年）的棺椁。

每年来这里游览的游客络绎不绝，不仅仅是因为这个教堂被列入了世界文化遗产，是伊比利亚半岛上哥特艺术建筑的巅峰，更因为这里可以看到世界上绝无仅有的脚对脚合葬墓，亲眼见证着直到时间尽头也无法将他们分开的爱。

　　教堂的庭院中遍植苦橙，令人想起"庭有枇杷树，吾妻死之年所手植也，今已亭亭如盖矣。"

　　按照西方的传统，国王和王后的合葬墓是并排的，但是佩德罗一世和伊内斯的石棺却是脚对脚排列的。这是笃信宗教的佩德罗的刻意安排，只为末日审判来临之日，死人从墓中复活，"我从棺椁之中起身，看到的第一个人，是你。必须是你，只能是你，只有你。"刻在两副石棺之上的铭文"At é aofim do mundo"（Until the end of the world 直到世界末日），是他对她的承诺。

　　这个故事往往会让人联想到印度的泰姬陵，同样是一片情深至死不渝的君王之爱，同样是为了纪念爱人修建的华美陵墓，但是我更偏爱"欧洲泰姬陵"的故事多一点。

　　真正的泰姬陵的故事，残暴任性的成分比爱情的成分要多得多。泰姬·马哈尔嫁给沙贾汗18年，生了14个孩子，最后死于第14次生产时的难产，当时她在随军途中。她嫁给沙贾汗的十几年里，沙贾汗无论到哪里，就算是在打仗，大部分时间都在怀孕的泰姬也得随行——我感觉这是一种变态而扭曲的独占欲，而不是真正的爱情。如果你真爱一个人，舍得这么折腾她吗？

沙贾汗并不是传说中的那种不爱江山爱美人的君王，他并不抗拒政治联姻，他一生有四位王后（不是死一个才娶一个，可以同时娶多位王后）。泰姬是第二位王后，泰姬死后，他又娶了两位王后Akbarabadi Mahal和Kandahari Maha。而且，泰姬在1607年就认识了沙贾汗并且与之定亲，但是五年后沙贾汗才把她娶进门，因为他之前先娶了莎菲王朝的一位公主生活了好几年……

最让我不舒服的是，美丽的泰姬陵建造背后的斑斑血泪，传说沙贾汗问建筑师："你结婚了吗？""是的，我的国王。""你爱她吗？""是的，陛下。她是我的全部，我爱她甚过一切。""很好，那我就把她处死，你就知道我有多么痛苦，就能为我的妻子建造世界上最壮丽的坟墓。"沙贾汗处死了建筑师的妻子，建筑师建造了泰姬陵。正史中记录沙贾汗为了修建泰姬陵几乎将国库掏空。泰姬陵修建了22年，每天有2万名劳工不间断劳动。而在陵墓完成之时，沙贾汗砍掉了建筑师的头，和所有劳工的手，以免他们为别人再修建一座泰姬陵。

这种爱情实在太血腥，难怪连沙贾汗和泰姬的亲生儿子都看不惯老爸的所作所为，推翻他的统治将他软禁起来，再任由他这么疯下去，莫卧儿王朝恐怕早就完蛋了。

相比起任性妄为，想怎么样就怎么样的沙贾汗，佩德罗一世的一生都是在不断的隐忍和妥协中度过的，他并不是怯懦，只是他的心中装着江山与子民，所以他考虑问题的出发点从来就不是"我想怎么样。"而是"我的选择对葡萄牙意味着什么。"这样的人，如果一辈子都没有遇上过让自己倾心的人或事，那他绝对可以成为心无旁骛的一代明主。可惜的是，佩德罗在他的婚礼上，遇上了这一生的宿命——新娘身边的侍女伊内斯。

当时刚满20岁的佩德罗还不是国王，作为太子，他对父亲阿方索四世安排的政治联姻没有任何意见。作为王室的一员，婚姻从来都是政治利益的产物，爱情可从来不在考虑的范围之内。再说，他从来没有遇见过爱情，他认为那是游吟诗人为待嫁少女编织的幻梦而已。和卡斯蒂利亚王国（即西班牙）的公主康斯坦斯的婚姻对他而言，就是完成又一个政治任务罢了。

遇到时年15岁的伊内斯之后，他才知道，原来爱情真的存在于这个世界上。但是造化弄人，他们相遇的时候，他已经成为了别人的丈夫，而他不愿委屈伊内斯做他的情人，伊内斯也不愿介入到佩德罗和康斯坦斯的家庭中去。虽说伊内斯是康斯坦斯的侍女，但是欧洲王室里的侍女也都出身贵族家庭，不像中国古代那些丫鬟出身寒微。

伊内斯表面上是卡斯蒂利亚贵族领主佩德罗·费尔南德斯·卡斯特罗的女儿，其实她还有个身份，是卡斯蒂利亚国王阿方索十一世的私生女，而康斯坦斯是阿方索十一世的表弟，曼纽尔公爵胡安的女儿。也就是说，她实际上是康斯坦斯的表姐妹。

为了逃避这段爱情，伊内斯又回了西班牙。离开葡萄牙的那几年，她就住在塞维利亚摩尔人建造的城堡里，遥望着窗外蓝得令人落泪的天空下，一排排修剪整齐的苦橙树，从一树白花到满树硕果，周而复始。当苦橙树第五次挂满了金黄的果实，清风徐来满院清香的时候，佩德罗来到了塞维利亚，妻子康斯坦斯在生后来的国王"美男子"费尔南多一世时难产而死。虽然令人难过，但是，佩德罗因此重获自由，他决定要和伊内斯在一起。

那时的他们还那么年轻，哪知道所有命运赠送的礼物，早已在暗中标好了价码。一如这苦橙，总会在馥郁芬芳的花季之后，结出难以下咽的苦果。

佩德罗带着伊内斯悄悄回到了他出生的小城科英布拉，将她安置在泪水庄园（Quinta das Lagrimas）。在康斯坦斯去世的次年，即1346年，佩德罗和伊内斯秘密结婚了。他们在泪水庄园度过了10年幸福平淡的生活，伊内斯为佩德罗生了4个子女，但是他们的关系始终没有获得阿方索四世的接纳，他们的孩子亦不被王室所承认，被看作是私生子。

在这10年之中，阿方索四世没有断绝过让佩德罗再婚的念头，但是佩德罗不肯妥协，他认定了伊内斯是他此生唯一的妻子，遇到她之前他可以接受政治联姻，但是和她在一起之后，他再也不能做这样的事情。阿方索四世认为佩德罗只是一时贪新鲜，等这股劲儿过去了，儿子应该就会把伊内斯抛诸脑后，但是眼见他非但没有厌烦伊内斯，相反两人感情越来越好的时候，老国王坐不住了。

这时候又发生了另一件促使老国王痛下决心的事情，就是伊内斯的兄弟（她名义上的父亲卡斯特罗的儿子们）起兵造反，想要将当时的卡斯蒂利亚国王，也叫佩德罗一世的那个家伙赶下台，卡斯蒂利亚王国开始内乱，各方势力纷纷拉拢欧洲各国。伊内斯的兄弟们因为之前和佩德罗的关系一直不错，就想要妹夫站在他们这一边，但是阿方索四世的立场一直站在卡斯蒂利亚正统王室这一边。他因此认定，伊内斯的存在将有可能使他和儿子的立场走向分裂，他暗中授意三名贵族大臣，趁佩德罗外出打猎的时候，解决掉这个麻烦。

1355年1月7日，三名贵族在科英布拉的泪水庄园里杀害了她，庭院里著名的"泪泉（Fonte das Lagrimas）"，就是伊内斯最后哭泣的地方，泪水未流干，她就遇害了。更为残忍的是，三个凶手还强迫孩子们眼睁睁地看着母亲在他们面前被砍下了头颅。

回到泪水庄园的佩德罗彻底疯了，他没想到自己对父亲的一再忍让最终会导致这个结果，不仅没有让爱人被接纳，反而送了她的命。佩德罗冲冠一怒为红颜，立马领兵造反准备把老爸拉下马为伊内斯报仇。这场战争打得异常惨烈，传说王子的军队包围波尔图的时候，守城的部队把停泊在杜罗河上的所有船只的船帆和旗帜都扯下来填塞了城墙上被强攻造成的缝隙。

这场战打了足足两年，阿方索四世本来以为杀了伊内斯，就可以让葡萄牙免于被卷入卡斯蒂利亚王国内战的命运，这个愿望他实现了，而实现这个愿望的代价是葡萄牙陷入了旷日持久的内战。无论大小战役是获胜还是失败，作为葡萄牙的国王，他都是个失败者，因为死去的都是他理应去守护的子民。佩德罗是他和王后比阿特丽斯的第三个儿子，却也是唯一长大成人的儿子，他不能轻易舍弃他。

当时的战事佩德罗已经明显占据优势，然而当他攻入城门之后，看着满目疮痍的城市和堆得高高的尸体，突然觉得没有意义了，他一次又一次地对父亲忍让，让伊内斯受尽委屈，都是为了这个国家。可失去伊内斯之后他才明白，这一切的一切比起她来根本不再重要，但是就算现在将这个国家弃如敝屣，他也无法换回伊内斯了。

心灰意冷的他和父亲和解了，内战结束，深受打击的阿方索四世也在次年撒手人寰。1357年，佩德罗终于登基为王，而臣民们惊讶地发现，时年不到40岁的国王已经满头银丝，与老人无异。他继位后做的第一件事就是为伊内斯报仇，他下令通缉杀死伊内斯的三个大臣，除了一个人侥幸逃到法国，其他两个人被活生生剜出心脏剁成了碎片。

佩德罗的报复还远远没有结束，在加冕仪式上，他将已经下葬了两年的伊内斯的尸体从坟墓中掘出，让她端坐于王座之上，为她穿上华贵的皇家礼服，戴上皇后的冠冕。佩德罗宣布，"这就是葡萄牙的王后，无论是过去，现在还是将来，我都只有这一位王后。我们早就许下了生生世世的诺言，也早就结成了婚姻的盟约。好了，你们现在可以上来亲吻王后的手了。"

在场的贵族看着王座上腐烂且散发着阵阵尸臭的尸骸吓得浑身

战栗，胆小的已经晕过去了，勉强站立的也是恶心欲呕。但是在国王的强迫之下，他们不得不排队上前，谦恭地单膝跪地，小心翼翼地亲吻着那只毫无温度的手。佩德罗决心要将以前伊内斯活着的时候没有得到过的尊重，统统都还给她，即使她已化为枯骨，也要她接受臣民的跪拜与敬意。

除了对贵族们的报复，佩德罗并没有因为失去伊内斯而变得残暴不仁，虽然他在位仅10年时间，但是为葡萄牙百姓带来了安宁的生活，同时也为1385年葡萄牙与英国结盟，并在中世纪成为牢牢控制东方贸易的大航海帝国打下了基础。他在任内改善了葡萄牙的法律体系，最大限度地保障了民众的利益，而且秉公断事，不偏不倚，因此获得了"公正者"的称号。

葡萄牙的老百姓十分爱戴他，都说，"佩德罗当国王的这10年好光景是葡萄牙从来没有过的。"在15世纪的编年史学家费尔南·洛佩斯的笔下，这位"公正者"经常在夜晚用火把将城市照得如同白昼一般，在城堡里遥遥望着兴高采烈的人民欢乐的跳舞。

拥万里江山，享无边寂寞。人群的热闹映照着他一个人的孤独。伊内斯死后，他再也没有笑过，也再没有娶过妻子，他说了只有她一个，他就一定会做到。他在阿科巴萨大教堂以王后之礼重新将她下葬，为她和自己修建了雕刻精美的石棺。棺盖上方是天使们托举着他们闭目静躺的石像，他的棺椁外围雕刻的是常见的末日审判的画面，承载石棺的是三头形似狮子的神兽。

而伊内斯棺椁外围雕刻的则是他们那10年甜蜜生活的再现，孩子们围绕在他们身边，而被沉重的石棺压着的，分明是三个面部表情各异的男人。据后世猜测，这三个男人就是奉命杀害伊内斯的凶手，他们将一直被压在石棺下为自己的罪行赎罪，直到末日降临。

10年之后，佩德罗终于熬干了自己，如愿以偿地睡在了爱人的对面。

"与其在悬崖上展览千年，不如在爱人肩头痛哭一晚。"塞翁失马，焉知非福。只不过是那些逃避现实的人，用来安慰自己的话。失去就是失去，失去的东西永远不会再出现，上天不会因为你失去重要的东西，而对你余下的人生有所补偿。即使那个补偿是让你当上国王，也永远无法替代你所失去的东西。

就让我一个人完成，我们的梦想

《泰坦尼克号》的场合

《泰坦尼克号》刚上映的时候，人们热衷于讨论的是，"杰克如果活着会怎么样？"人们猜想的那个未来里，杰克和露丝燃烧完爱情之后，发现需要面对的是没有面包的生活，"贫贱夫妻百事哀。"爱情是一回事，结婚过日子又是另一回事。鲁迅先生不是早说过了，"人必须生活着，爱才有所附丽。"

一个卖不出画的穷小子，一个憧憬自由却一无所长的落魄富家小姐，他们怎么可能拥有幸福的未来？我深以为然。我甚至真的以为，《革命之路》里的场景，就是他们的未来。

直到2012年3D重制版《泰坦尼克号》上映，我才注意到以前没有注意到的细节，老年的露丝去哪里都要随身携带放在床头的照片。在那些照片里，她开过飞机，像男人一样骑过马。她的职业是演员。那是他们计划的未来，爱人因为把生的机会留给她而死，那她就努力将自己的一生，活成两个人希望的那个样子。

在那个阳光明媚的午后，露丝和杰克畅想着上岸后的生活，她对杰克说："你要教我像男人那样骑马。"杰克认真地许下了承诺。许多年后，露丝终于学会如男人一般骑马，只是那个曾答应教她的人，已不在。"因为你，我学会了独立和自由，学会了骑马，学会了按照自己的愿望生活，可是教会我这一切的你不在了。"

注意到她在海滩上骑马那张照片背后的过山车了吗？杰克说："要一起坐过山车坐到吐……"一桩桩，一件件，他说过的，她都做到了。她没有因为困窘的境况而选择回到原先令人窒息的上流社会生活中去，她的每一天似乎都是在对杰克说，"瞧，我活着，并且活得很开心很幸福……"那是她对杰克的承诺，用一辈子去实现，再也没有放弃过。

那是她一个人的天荒地老，杰克从未离她远去，她生活里的每一帧时光，都闪现着他的影子。她用心生活的每一天，都诉说着对杰克此生不渝的爱。

《赵氏孤儿》和《雪山飞狐》的场合

《赵氏孤儿》和《雪山飞狐》的故事缘起，都有个重要的主题：托孤。

两个人，一个婴儿，一个人注定要赴死。**选择独自背负着责任活下去，其实比选择死去，要拥有更多的勇气。**

《赵氏孤儿》里公孙杵臼对程婴发问："抚育这孤儿成人与死，两者哪件难？"（立孤与死孰难？）程婴回答说："死容易，抚育孤儿难。"公孙杵臼坚定地说："那请你承担难的那件事，我去承担容易的，让我先去死吧。"程婴用自己的儿子伪装成赵氏孤儿让公孙杵臼带着隐藏起来，自己去向屠岸贾告发好友，眼睁睁看着好友和亲子就这样死在了屠岸贾手上。

赵武成人后，程婴辞去公职，向诸大夫辞行，然后告诉赵武说："当年你家遭遇大难，我没有死，就是因为要抚育你成人。今天这个愿望实现了，赵家也复位了，我有脸去见赵朔和公孙杵臼了。"赵武哭着对程婴说："您怎么能忍心离我而去呢？"程婴说道："公孙杵臼把生的希望留给我，他自己选择了死，就是认为我能把你养育成人，今天事情办完了，我也该履行我之前的承诺了。"说完，程婴就自杀了。

我一直认为程婴和公孙杵臼的友谊堪比高山流水，两人都磊落光明，君子一诺，此生必践。他们谁都没有怀疑过。

《雪山飞狐》里的胡一刀夫人是没有名字的，然而她是金庸笔下众多奇女子之中，最让我感佩的一个人。是她告诉我们，"好死不如赖活着"是多么可笑的一句话。和最爱的人一起死去，从来就不是悲剧，甚至可以说，这是相爱的两个人所能想象的最好的结局。因为活着的那个人，才是最痛苦的。

胡一刀和苗人凤比武，任是豪气干云的大英雄，心中亦有柔肠百结。夫妇二人轮流抱着孩子，只管亲他疼他，好似自知死期已近，多一刻也是好的。只听胡一刀呜咽着道："孩子，你生下三天，便成了没爹没娘的孤儿，将来有谁疼你？你饿了冷了，谁来管你？你受人欺侮，谁来帮你？"他哭了一阵，夫人忽道："大哥，你不用伤心。若是你当真命丧金面佛之手，我决定不死，好好将孩子带大就是。"夫妻二人了解至深，胡一刀知道爱妻情深一片，如果他死了，她绝不独活；而胡夫人也知道丈夫忧心的是什么，于是郑重许下承诺，要将孩子带大绝不轻生。

胡一刀大喜，道："妹子，我最放心不下的就是这件事。若是我不幸死了，你怎能活着？现下你肯毅然挑起这副重担，我就没什么担忧的了。人生自古谁无死？跟这位天下第一高手痛痛快快地大打一场，那也是百年难逢的奇遇啊！"只听他大笑了一会儿，忽又叹气道，"妹子，刀剑一割，颈中一痛，什么都完事啦。死是很容易的，你活着可就难了。我死了之后，无知无觉，你却要日日夜夜的伤心难过。唉，我心中真是舍不得你。"夫人道："我瞧着孩子，就如瞧着你一般。等他长大了，我叫他学你的样，什么贪官污吏、土豪恶霸，见了就是一刀。"

生离死别之际，胡夫人不顾自己生下孩子才三天，坚持下地为丈夫张罗了一桌酒饭。夫人抱着孩子坐在他身旁，给他斟酒布菜，脸上竟自带着笑容。胡一刀笑道："好，再吃一次你的妙手烹调，死而无憾。"胡一刀与夫人对望一眼，笑了一笑，脸上神色都显得实是难舍难分。

待到胡一刀不幸身故，她将孩子交给金面佛，道："我本答应咱家大哥，要亲手把孩子养大，但这五天之中，亲见苗大侠肝胆照人，义重如山，你既答允照顾孩子，我就偷一下懒，不挨这20年的苦楚了。"说着向金面佛福了几福，拿过胡一刀的刀，在颈上一割。夫妻俩并排坐在一条长凳上，夫人拉着胡一刀的手，身子慢慢软倒，伏在丈夫身上，就此不动了。

胡夫人终究还是辜负了她对丈夫的承诺，可是谁忍心责怪她的辜负呢？既然心愿已了，我又何必偷生？在这个已经没有你的世界上多活一秒，就已经花掉了我几乎所有的力气。请你原谅，我的不勇敢。

《伪装者》的场合

"你必须活着！"

明楼气急一把抓住阿诚胸前的衣服一字一句地对他说出这句话，第一遍看的时候觉得好甜，第二遍看的时候，只觉得吃了一嘴玻璃碴。

明台带领的特工小组执行任务突发紧急情况，阿诚要连夜赶去增援。因为这次突发情况他也负有一定责任，他急匆匆地丢下一句："就算是拼了我这条命，我也要把明台带回来！"就准备走出大哥的房间去救明台。

结果大哥火了，这位周旋于76号、日本人、汪伪政府、军统等复杂关系中都游刃有余的三面间谍，第一次露出了伪装面具下的一丝裂缝。他大怒："屁话！你必须活着！"他盯着阿诚的双眼，霸气侧漏的气势下掩盖不住他恐惧失却的脆弱，"他也必须活着。你们都必须好好给我活着回来见我，见大姐！"

明楼用的是命令的语气，他的权威从来不容人挑战和质疑，但是在这样的生死关头，他的命令语气却暴露了他的软肋。越是霸气，越是命令，越是害怕，毕竟他们都懂得，他们的工作就是在刀尖上跳舞，脚下是万丈深渊。死，从来都比活下去更接近他们的生活。

在这里，我们不谈CP。楼诚之间的感情，从来就不是友情、亲情或者爱情那么简单可以概括的。他们的感情是建立在为共同的信仰奉献一生的基础上的相知相伴，志同道合，他们是不折不扣的soulmate。他们组成的铜墙铁壁如此坚固，岁月、金钱、困难打不破；但又是如此脆弱，死亡如影随形，更何况明楼的上令下达都是让阿诚去出生入死，有时候甚至不得不为了完成任务亲手去伤害他。

时局如此，然而一贯理智的明长官心中却有最不切实际的渺小希望，希望他在乎的这些人，都能好好活着，活着看到他们为之努力的一切。

你感到平淡乏味的现在，就是他们永远到不了的未来。

《哈利波特》的场合

感谢J. K. 罗琳创造了这样一个复杂的人物，西弗勒斯·斯内普，他的存在超越了善恶的边线。他的恶念因为得不到一个女人而萌生，而他的善念也因为失去这个女人而绵延了自己的余生。

他失去了莉莉，他将用余下的一生为她活着。为了做她想做的事，他不在乎被人误会、仇视，一次又一次地身入险境却不为人所知，为了完成这个目标，他甚至不得不亲手杀死这个世界上唯一懂他信任他的人。

他是痛苦的，他倾尽一生去保护的那个人，行为做派那么像抢走莉莉的那个人。可是，看到他那双和莉莉一样的碧色双眸，他就忍不住沉溺下去……清醒之后，却又倍添痛苦。

莉莉再也不会活过来了，而他还在这个没有她的世界上苟且偷生。

我常常觉得，如果斯内普有话想对莉莉说，他会说的像《简·爱》一样，"你以为我是一个没有感情的机器人吗？你以为我贫穷、低微、不美、渺小，我就没有灵魂，没有心吗？你想错了，我和你有一样多的灵魂，一样充实的心。如果上帝赐予我一点美，许多钱，我就要你难以离开我，就像我现在难以离开你一样。

我现在不是以社会生活和习俗的准则和你说话，而是我的心灵同你的心灵讲话。"

可是莉莉再也听不到了，他也永远没有机会向她道歉，向她倾诉自己一生的爱恋。

"即使整个世界恨你，并且相信你很坏，只要你自己问心无愧，知道你是清白的，你就不会没有朋友。"

虽然我们都知道，斯内普先生并不在乎这些。追随自己爱的人离开这个世界也许是最简单的选择，但是如果爱人还有心愿未了，他愿意以未亡人的身份去完成一个约定和承诺，让我一个人去完成你的梦想，那就是我的梦想，我们的梦想。

因为去做这些事的时候，我会觉得，你从未离开过这个世界。这个世界只要还有人记得你，记得你的梦想，你就永远不会真正地离开。"Always."

Find what you love ⋯

Find
what you love
...

Part 3

她 们

心有沉香，
不畏浮世

当我足够好，才会离开你

7月1日，是戴安娜王妃的诞辰，如果她还活着，今年已经是55岁了。这次去巴黎，经过协和广场的时候，导游以非常猎奇的语调讲起了戴安娜王妃各种遇害的阴谋论，到了戴妃遇害的那条阿尔玛（Alma）隧道，游客们纷纷拍照留念。但其实，那只是条普普通通的隧道，看不出任何特别。导游说："大家看看现在小巴黎城区内时速不到30公里的车速，怎么可能发生那么惨烈的车祸？"

我不知道。但我知道，无论是意外抑或是阴谋，无法改变的事实是，这个特别的女人已经消逝于这个世界。从来也没有，以后大概也不会有哪个王妃能与她相提并论。

因为她走了一条与格蕾丝·凯利、凯特·米德尔顿等王妃迥异的人生道路。对大多数王妃而言，世纪婚礼那一刹那是她们童话的巅峰；之后正如乔治·艾略特对婚姻的描述，她们从此只能"在一个封闭的世界里打转"，或者安于做一个履行王室成员职责的傀儡，或者在怀疑与自我怀疑之中变成一个深闺怨妇。女神的光环在婚姻生活的折磨中逐渐暗淡，使她们变得倦怠又平凡，甚至婚姻还没有失败，她们的人生就已经陷入低谷。

戴妃则不然，她是从失败的婚姻中浴火重生的凤凰，正如她离婚时对查尔斯王子说的，"谢谢你，查尔斯。谢谢你把我推向地狱，让我有机会领教你对我的残忍行为。这令我能走得更快，更坚强。"这桩无情的王室婚姻带给她的是十余年的身心受创，但是未能打倒她的，都使她更加强大。她从内敛、害羞、被舆论嘲笑的微胖丑小鸭，蜕变成独立、高贵、坚强的白天鹅，她是"人民的王妃""永远的英伦玫瑰"。

她输了婚姻，却改写了命运，重获新生。

戴安娜·弗朗西斯·斯潘塞和查尔斯王子的婚姻一开始便笼罩在卡米拉的阴影之下，虽然被称为"平民王妃"，但是斯潘塞家族早在15世纪就是英国贵族，与英国王室的关系密切，经常出入白金汉宫、肯辛顿宫和威斯敏斯特宫。因此，戴安娜自幼便与查尔斯、安德鲁王子相识。她给查尔斯的第一印象是，"这个16岁的小姑娘活泼有趣，怪招人爱的。"但是这并非一段玛丽苏罗曼史的开始，其间藏着当时年幼的戴安娜无法探查到的阴谋与悲哀。

世界上的每个王室家庭都知道，提升受欢迎程度最好也最快的方法，就是举办一场王室婚礼。第二种办法则是王室宝宝的诞生。上世纪70年代末，身为王储的查尔斯王子已经年近三十，无论是他本人、皇室家庭，还是全英国，都需要他迎娶一名王妃。众所周知，查尔斯曾经向卡米拉求婚，聪明的卡米拉拒绝了他，并且说，"我嫁给你的那一日，便是我们爱情的祭日。"她于1973年嫁给了查尔斯的朋友，军官安德鲁·帕克·保尔斯。她是这么对怒气冲冲的查尔斯解释的，"这不是很好吗？我们仍然可以在一起，没有世俗舆论和王室责任的障碍，我们的爱情会更加纯粹。"

当时的卡米拉对一切都看得很清楚，她深知王室婚姻对爱情的杀伤力，她也无意承担多方的压力。但是多年后她还是食言了，不过印证了她的预言，求而得之的婚姻摧毁了查尔斯对她的迷恋。当心口的朱砂痣成为蚊子血，当床前的明月光成为衣服上的饭粘子，再默契的灵魂伴侣终成眷属之后，也不过成了平淡生活的一地鸡毛。媒体多次爆出查尔斯无法忍受卡米拉的酗酒恶习而多次争吵。《环球》杂志去年7月份报道称，卡米拉因为眼看女王要把王位直接传给威廉王子，当王后无望，提出要么王冠，要么3.4亿英镑的离婚赔偿，不然就等着大爆皇室丑闻。

不过在遥远的1979年，查尔斯还是对她言听计从，她也劝说查尔斯应当娶妻。但是，为了维系他们的恋情，他们需要一个傻乎乎的女孩子来做挡箭牌。她最好单纯、平凡、乖巧，没有自信，更不喜欢惹是生非。反正英国王室只关注她是否出身贵族，以及是否是处女，其他的一切都不重要。

查尔斯和戴安娜约会之前曾同戴安娜的姐姐伊丽莎白（Elizabeth Sarah Lavinia Spencer）约会过，之所以转而选择稚嫩笨拙的戴安娜，仅仅是因为她不像她姐姐那样开朗、漂亮、有主见。她就像一张白纸，太容易被人控制，也太容易屈服了。当时的戴安娜，除了查尔斯的王储身份，她对他几乎一无所知。面对当时发际线尚未叛变的查尔斯，她怎么可能不爱他呢？那可是王子啊！毕竟她才刚刚成年，哪里分得清男人的真心与假意？她真的以为灰姑娘的故事在她身上重演了，她赢得了王子的爱情。

据说，1981年2月6日，查尔斯向戴安娜求婚成功之后，他立马急不可耐地向卡米拉打电话报告此事，谈及戴安娜手足无措的反应时，卡米拉轻佻地笑出声来，"这个乡下小马驹！"消息传来，连戴安娜最亲密的同学和朋友都感到诧异，尚未褪去婴儿肥的戴安娜除了喜欢运动之外，基本没有什么亮点。尽管从小就接受了良好的教育，但是她成绩并不优秀，没有接受过大学教育，从来也不是校园的风云人物。在认识查尔斯之前，她只是一名幼稚园的老师。

在戴安娜嫁给查尔斯的时候，没有人告诉戴安娜作为王妃意味着什么。在与查尔斯订婚前，戴安娜没有任何王室警卫保护，王室新闻官也从来没有告诫媒体尽量不要骚扰戴安娜。相比多年后的凯特，戴安娜只能一个人惊惶地应对外界铺天盖地的好奇与非议。王室早在凯特与威廉谈恋爱的时候就开始对她保驾护航，让她逐渐熟悉王室的生活，尽最大可能让她免受媒体骚扰。威廉甚至自掏腰包，聘请律师警告那些日夜盯着凯特一举一动的小报记者。订婚前，王室为凯特准备了大量戴安娜结婚时的录像资料，让她预热宫中礼仪。大概，爱与不爱的分界线就在这里了吧——每个人都想保护自己所爱的人远离骚扰，尽可能地将她的一切安排周全。查尔斯对卡米拉是这么做的，但他们却无情地将无辜的少女戴安娜推到了台前。

在婚礼前，戴安娜终于察觉到了卡米拉的存在，查尔斯甚至没有费心隐瞒。他随手将卡米拉的照片夹在书中，大刺刺地将送给卡米拉的首饰盒子放在桌上。戴安娜意识到这是一场三个人的婚姻，她萌生了退婚的念头，可是离异多年的父母不能给予她理解与支持。她的父亲认为她能嫁给王子就是天大的好事了，至于情妇，也算是王室传统了，她不用过多在意。而她母亲则住在远离她几百英里的苏格兰的小岛上，连见面都难，更别提给她建议了。

婚礼还是如期举行了，在那场人们津津乐道的世纪婚礼上，戴安娜就有了悲哀的预感，她说，"结婚那天是我一生中最糟糕的日子！我永远都不会成为王后！"她戴着闪闪发光的钻石皇冠，拖着长达8米的洁白婚纱走向查尔斯。由于钻石皇冠很重，婚礼那天，戴安娜曾一度感到头痛欲裂，不过她仍然保持着灿烂的笑容。她也就此领悟了"欲戴王冠，必承其重"的含义。

当灰姑娘穿上了别人梦寐以求的水晶鞋，她的一生就此改变。不过真正让她成为人们喜欢的戴安娜王妃的，并非是查尔斯的爱，而是查尔斯的不爱。如果查尔斯爱她、宠她，也许她一生都会是那个羞涩内向的乡下姑娘，但是查尔斯的冷漠使她懂得了女人独立自强的重要性。

前段时间，瑞典王子菲利普与王妃索菲娅·赫尔奎斯特大婚的消息传来，国内众多媒体都展开了对索菲亚与凯特两代平民王妃的PK，鸡汤味十足的笔调向我们展示了"王妃是怎样炼成的"，或者说是"终极绿茶婊的上位史"。似乎她们当学霸、培养各种爱好、严格管理自己的样貌和身材，将自己变得越来越好，只是为了变成一支精确瞄准"王子"靶心的利箭，时刻准备着射中王子的心。

这些文章的论调鼓舞了无数灰姑娘，使她们认为，想要麻雀变凤凰，就得让自己具备凤凰的资质才行，只要学会这些手段，成为别人眼中的女神，就能将王子或者高富帅手到擒来。她们大声歌颂着"当我足够好，才能遇上你"的鸡精箴言，以为"优秀"是猎取爱情、攻克婚姻、成功上位的工具和跳板。这样功利性和目的性强的"优秀"，未免也太侮辱优秀这个词的真正含义了。

她们选择性地忽视了那些女神级别的王妃们，是如何被繁琐的王室礼节和错综复杂的婚姻困境磨去了光彩；她们变得像一尊吉祥物，一个纹章上的装饰，反而变得不像她们自己。甚至她们越优秀，所感知到的痛苦就越深，因为她们发现，她们的才华、优秀，毫无用武之地。优秀也许能帮助你获得一桩上流的婚姻，却无法确保你赢得真挚的爱情，拥有幸福的婚姻。因为爱情和婚姻，从来就不是"你优秀，你就能赢"的简单游戏。

可惜，这个道理，只有让人在现实面前撞得头破血流才会懂。一如当年天真的戴安娜，就是抱着这样一丝好胜的心理步入了那场荒唐的婚姻，她单纯地认为，只要她变得足够优秀，就能够赢得查尔斯的爱情。相比卡米拉，她还年轻，还有的是时间。

也就是说，在最初的最初，让戴安娜想要变得优秀并且从而改写命运的动力，不过是想赢回一场只有两个人的婚姻而已。

从童话般的婚礼过渡到琐碎的日常，戴安娜才深刻地意识到，她和查尔斯之间的代沟，就像马里亚纳海沟那么深。严格说来，40年代出生的查尔斯和60年代出生的戴安娜在喜好上的差距就像父女一样，两人的教育背景不同，性格相反，志趣相悖。查尔斯是古典主义的，戴安娜是现代主义的。虽然出身贵族家庭，戴安娜却更向往平民的生活方式。

在戴安娜的一部传记里，作者是这么描述两人之间的代沟的：

查尔斯是剑桥大学的优等生，对他来说，没有什么比安安静静坐下来，读一本充满睿智的心理学或历史学书籍更享受的事；戴安娜却是个连补考都不及格的高中辍学生。

查尔斯特别热衷马上活动，夏天马球，冬天狩猎，每星期三四次，从不间断；戴安娜自从10岁那年骑马摔断胳膊后，一朝被蛇咬，十年怕井绳，从此不好此道。

查尔斯喜爱绘画、建筑和古典音乐，而戴安娜则喜爱现代音乐，认为美术馆单调沉闷。查尔斯爱听歌剧，戴安娜迷恋芭蕾；查尔斯痛恨的流行音乐，正是戴安娜的嗜好；戴安娜擅长的网球，查尔斯却从来不玩。

戴安娜认为，想要吸引丈夫的目光，就得无条件地迁就对方，向对方的世界靠拢，心甘情愿地改变自己。于是她强迫自己去爱上查尔斯的爱好，她聘请了马术教练练习骑马，开始进行深度阅读，不再听摇滚，试着去欣赏高雅的古典音乐……然而她的努力只换来了查尔斯无情地嘲笑。

她渴望家庭的温暖和关怀，可是查尔斯将一切的柔情都给了卡米拉，留给她的只有冷漠。伊丽莎白女王和菲利普亲王与她也没有共同语言，更是对她的平民举止挑挑拣拣。媒体舆论也不忘记落井下石，他们嘲笑她的穿衣品位、不符合贵族礼仪的言行、微微发胖的身材，他们比谁都清楚，这个来自诺福克乡间的小姑娘，孤苦无依，无人庇护。

没有人可以不费吹灰之力就赢得他人的尊重，更何况是高高在上的王妃，积宠于一身也就意味着积怨于一身，当失去了权势的真心爱护，戴安娜无疑成为了嫉妒与不屑这些丑恶情感的箭靶。年轻的她根本不知道如何应对这一切，她的情绪崩溃了。

王室传记作者莎拉·布拉德福德称，"唯一能减轻她痛苦的东西是查尔斯王子的爱。她非常想得到这份爱，但查尔斯就是不爱她，最终使她陷入绝望。"戴安娜说："我丈夫在每个方面都让我感到沮丧，每次我抬起头来呼吸空气，他都会把我按下去。"

她想减肥，却因为长时间地抠喉患上了神经性厌食症，查尔斯听到她的呕吐声对她更加厌恶；她在怀孕期间得了抑郁症，为了阻止查尔斯出去狩猎好多陪陪她，在众目睽睽之下她从楼梯上一跃而下；生下威廉王子之后，查尔斯希望能有一位小公主，当他听到戴安娜生下了哈里的消息时，正在狩猎的他，失望地咕哝了一声"又是个王子！"之后，居然没有去看望她，而是继续狩猎；他们更多次为卡米拉争吵，戴安娜曾五次试图自杀，其中一次她在与查尔斯争吵后的绝望中，操起拆信用的小刀猛刺自己的大腿和胸膛，顿时血流如柱。

谁能想到，人人艳羡的"王子与公主结婚之后"，过得竟是这样的生活。戴安娜的朋友潘妮·索顿在她服用安眠药自杀之后劝她将目光从查尔斯身上移开，多看看广阔的世界，不要沉沦于婚姻的泥沼之中。

她想起了在当地以经常探访病患者、残疾人而闻名的祖母，想起那些患者看到祖母时眼中闪烁的光彩，那是她在查尔斯看她的眼神中从未感受到的。她想起祖母说过的，"要想得到爱，必先付出爱。"既然查尔斯不需要她的爱，那她便把爱送给有需要的人。

虽说现在贵妇们的消遣之一就是做慈善，但是真心还是假意，人们一眼就能分辨出来。戴安娜从来不是高高在上的施舍者，她关心所有病患，给他们热情的拥抱，不论对方是癌症患者、麻风病人、烧伤患者，还是艾滋病人。她搂着受性虐待的儿童泣不成声，感到自己为弱势群体做得太少太少。她曾多次出访北非、埃及、印度、巴基斯坦等国，访问慈善医院、学校、慈善机构、筹款活动，使她出访地的许多人的生活得到了改善，并利用自己的高知名度为慈善组织做宣传和筹款。她曾经说："我曾经觉得自己的身份（威尔士王妃）是一个巨大的枷锁，直到我意识到它可以帮助到更多人，那么这点小小的痛苦对我来说就不值一提了。"

她对公益最杰出的贡献，当数为"国际反地雷运动"奔走呼告，生前曾多次亲赴安哥拉、波黑等战乱地区，并亲自踏进地雷区视察，还探视当地因触雷而导致伤残的平民。正因为她的影响力，使得这些以往不被关注的弱势群体进入了人们的视野。在她的支持下，"国际反地雷运动"蓬勃发展，这个原本名不见经传的非官方组织，在戴妃支持禁雷法案后名声大振，先后获得六十余个国家、上千个团体的加入。到本世纪初，全世界超过135个国家签署禁雷条约。

当她从慈善事业中寻找到存在感和心理上的慰藉的同时，查尔斯和卡米拉的私情被曝光。1992年6月11日，在英国乃至国际新闻界铺天盖地般报道戴安娜婚姻危机之后，戴安娜代表王室前往一家癌病医院慰问，没想到医院门口自发聚集了2000多名欢迎她的人。人群中打出"戴安娜，我们爱你！"的标语牌。戴安娜对此百感交集，潸然泪下。她还没被人们忘掉，还有人爱她，她感到所做的一切都是有意义的。

这时她才发现，她已经获得了嫁入王室之时所梦想拥有的一切：舆论的支持、人民的认可、得体的言行举止、落落大方的穿衣品位、健康性感的身材、颠倒众生的魅力，只除了一点，查尔斯的爱。但那时，查尔斯是否爱她已经不再重要了。

1994年，戴安娜出席伦敦蛇形画廊派对时穿了一条Christina

Stambolian（克里斯蒂娜·斯坦博利安）设计的露肩黑色雪纺晚装，用她最迷人的身体曲线和最自信的笑容回击了传出与卡米拉偷情丑闻的查尔斯，这条小黑裙因此被称为"复仇小黑裙"。

也许这是人们所期望的"妻子复仇记"最经典的一幕，平凡朴实的丑小鸭因为丈夫的背叛华丽蜕变，成为了高贵迷人的女强人，顺带俘获了无数优质男的芳心，而她无怨无悔地等待渣男的浪子回头，破镜重圆。可是生活从来就是比戏剧还戏剧，尽管戴安娜比卡米拉年轻貌美、心地善良、受人尊重，然而在查尔斯心中，这一切并没有什么用。

谁说你爱我，我就非得爱你？谁说你比我爱的人优秀，我就非要爱你不可？爱情从来就无关皮相、能力、年龄，从查尔斯的角度来看，他并没有什么错。而戴安娜在爱过恨过之后逐渐发现，查尔斯对她的绝情将她推到了悬崖边，也给了她一个劫后重生的新世界。如果没有遇到查尔斯，如果一直陷入查尔斯恶意的欺骗而不自知，她也许永远是那个简简单单的幼稚园老师；她不会意识到，在那个丑小鸭的皮囊之下，隐藏着一个如此强大的自我，正是这个自我带她步入了一个崭新的开阔的世界。

这个自我让她明白，一个女人真正的优秀不是为了得到男人的认可，不是去交换婚姻或爱情的手段，而是她永远有重新开始的

勇气。她不再是躲藏在查尔斯和卡米拉阴影之下的吉祥物，也不是王室的摆设，更不是打扮得漂漂亮亮的花瓶。她是戴安娜·弗朗西斯·斯潘塞，一个独一无二的自己。

所以她可以坦然接受婚姻的失败，她可以有底气说出，"当我足够好，才会离开你"。如果她是一个怨妇，她也许会死抓着这段婚姻不放，因为除了婚姻她什么都没有。但是当一个女人自信可以掌握自己命运的时候，她绝不会允许自己的吃相如此难看。

所以现在总说凯特王妃在模仿戴安娜王妃的言行举止，穿着打扮，跟娱乐圈的人交朋友，成为引领潮流的时尚icon。如果凯特真的是在模仿她已过世的婆婆，那只能说她根本没有认识到戴安娜真正被人们所喜爱和铭记的原因。

我发现真正优秀的女性内里都散发着相同的气质。无论她们如何被命运捉弄，被大众一次次看衰，总有一股温柔的倔强支撑着她们从谷底爬上来，也许爱情会让她们失望，事业会让她们失望，生活会让她们失望，但是强大的自我不会让她们失望，她们永远都有改写命运的力量。

女人真正的强大，就是这种在岁月和世事的沉淀之后，散发出的温柔坚韧之美。但是懂得宽恕与原谅并不意味着无限的圣母与小白兔，套用六六的一句话，"女不强大天不容"。真正的强大是能够保护自己，也能够善待家人，把爱给值得的人，不会再被轻易伤害。

结束一段错误，是为了让自己过得更好。这个曾被卡米拉不屑一顾的"乡下小马驹"，终于走出了被他人玩弄于股掌的命运，开始认认真真为自己而活，爱值得爱的人，也被真心爱她、尊重她的人所爱。这世界上有那么多人爱她需要她，她还用在意那个不爱她的人吗？

戴安娜在遇难前六个小时，曾接受一名英国记者的电话采访。她说："现在，我终于找到了真正的爱情。结婚以后，我将过一种真正的普通人的正常生活。"

尽管六个小时之后，戴妃和男友命陨隧道。但是我相信，在离婚后的日子里，她获得了难能可贵的平静与幸福，而这一切，也许是她甘愿用15年的王妃生涯去交换的。比起在一桩备受折磨的无爱婚姻中痛苦地活下去，怀着对美好明天的无尽憧憬与畅想死去，也许算是这个悲剧结局里唯一让人感到安慰的吧。

如果一切都是自作自受，我愿意承担所有后果

1973年，当丽莎·明奈利（Liza Minnelli）凭影片《歌厅》（Cabaret）的舞女角色Sally Bowles获得奥斯卡影后的时候，她回忆起为这个角色做准备时的情况，"我去问我父亲（电影导演文森特·明奈利），你能告诉我30年代的性感是怎样的？我应该效仿玛琳·黛德丽，还是谁？他说不，我只需要尽我所能地模仿露易丝·布鲁克斯（Louise Brooks）就可以。"

这个世界的荒谬之处在于，丽莎·明奈利因为模仿露露而一举成名，但是真正的露露却隐居在纽约州的罗彻斯特，早已被世人

遗忘。

所以今天我们不是要讲一个模式化的故事，一个女孩通过自己的努力成为著名影星的故事。恰恰相反，这样的故事已经令我感到厌倦了。但是就像钱德勒说的，"在好莱坞生活一辈子，你看不到一丁点儿电影里看得到的。"在光鲜亮丽的成功神话的背后，隐藏着更多普遍存在的真相——并不是你有天赋、够努力就可以成功，这是一个失败者比成功者多得多的世界。只不过失败者都被人遗忘，没有了话语权。

于是我想任性地讲述一个失败者的故事，她大概是这个世上最美丽也最有思想的失败者，一个女版的"艾德·伍德"，一个因其失败而被人铭记的人——露易丝·布鲁克斯，永远的露露。

露露是活跃在默片时代的影星，如果不是和德国大导演巴布斯特（Georg Wilhelm Pabst）合作了两部"淫秽"电影——《潘朵拉的盒子》（Lulu or Die Buchse der Pandora，1929）和《堕落女孩日记》（Das TagebucheinerVerlorenen，1929），当时就非一线明星的她估计早就消失在历史的烟尘之中了。但是在《潘多拉的盒子》中露易丝扮演的"露露"使她成为了永恒的性感偶像，她那顶如黑色钢盔一般的BOB头（波波头），引发了当时渴望实现自我解放的新时代女性争相效仿。"露露"这个名字，也永远地成为了她的代号。

现在看来波波头只是千百种不同发型中的一种，在当年却被认为是有伤风化的女人才剪的发型。这种从圣女贞德的发型演变而来的雌雄莫辨的发型，就和穿着男人服饰的贞德一样，是对性别政治最大的挑战。保守人士们如临大敌，学校和工厂开除了剪波波头的女人，丈夫们甚至要求和剪了波波头的妻子离婚。但是这无法阻止女性们争取投票权等权利的步伐。此时的派拉蒙公司也准备顺应时代的需求，推出一个无法无天的摩登坏女孩形象，他们选中了露露。

露露，天性率真，是那个时代典型的野姑娘。她积极参与社会活动，参与政治，参与选举投票，倡导性解放，她也成为当时妇女发挥公共作用的象征。她还经常说出一些惊吓绅士小姐们的话，"爱是一种宣传噱头，而做爱是在等待拍片的时候消磨时光的一种任性方式。"

她的任性不仅表现在与各种人传出绯闻，如查理·卓别林和格丽泰·嘉宝都曾是她的"入幕之宾"；更重要的是这种放浪形骸的生活态度不是她给自己贴的标签，和"玉女"等被包装出来的形象不同的是，露露所做的一切都出自她的本意。

她并没有要成为一代巨星的远大目标，所以她既不会为了角色讨好电影公司的高层，也不屑于付出天赋之外的"努力"。她只和喜欢的人上床。人们常常说她喜怒无常，可是她和那些耍大牌的明星不同的是，她不会因为利益有选择性地敷衍谁或是漠视谁。在物欲横流的镀金年代，她只是想按照自己的想法扮演她想去扮演的角色，拒绝做电影公司手中的傀儡。

　　她在片场阅读歌德和叔本华作品的举动触怒了派拉蒙的高层。他们不需要一个有思想会反抗的女星，他们需要的是一个被虚伪而严苛的好莱坞法则所驯服的空心人。这样他们才可以随心所欲地为她刷上任何他们想要的颜色。

　　他们在之前和之后都获得了所向披靡的成功，但是在露易丝·布鲁克斯这里，他们失败了。她离开了好莱坞，远赴柏林，开创了属于她的传奇，尽管这两部影片的价值，要到半个世纪之后才为人所重视。

　　隔着快100年的光阴回望，在都是雪花噪点的黑白银幕上，露露漫不经心地拨撩着她乌黑闪亮的秀发，抬起白瓷一般的脸，抿起嘴唇笑吟吟地摇曳着身子，如一只慵懒的猫向我们走来的时候，无论是《歌厅》中的丽莎·明奈利，还是《低俗小说》中的乌玛·瑟曼那令人神魂颠倒的黑色短发都显得像一出拙劣而刻意的模仿。她们固然可以模仿她的发型，模仿她的姿态，甚至模仿她那幽怨得让人心生怜惜的眼神，但是永远无法模仿她的灵魂。

法国实验电影的领袖人物亨利·郎路瓦（Henri Langlois）早就断言，"没有嘉宝，没有黛德丽，只有露易丝·布鲁克斯！"她无声的性感为从今往后银幕上表现的性感下了定义，懒得挑逗任何人但又挑逗了每一个人的姿态让所有的观众感到心神动摇。她激发的不是爱，也不是恨，而是欲望。毁灭才是她真正的激情。现代的电影演员已无法演绎她那种哑然而汹涌的欲望。

她就是现实中的露露，她在片中扮演的是她的一生。布鲁克斯9岁的时候不幸被邻居性虐待，这件事严重影响了她的人生。导致后来她说，她无法对人产生真爱，也无法从正常的性爱中获得快感——她有了受虐的倾向。"对我来说，一个温柔简单的好男人是满足不了我的，必须要身心都很强大的人才行。'那个人'做的事影响了我对性爱这件事的态度。"多年以后布鲁克斯终于将这一心理创伤告诉了她母亲，结果她的母亲认为，这一定是露易丝的错，是她"诱惑了他"。

毛尖说，"在《潘朵拉的盒子》中，她如同收割麦子般收割男人和女人，随心所欲地处置他们的身体和情感，包括一个性压抑的医生、他天真的儿子和一个同性恋女伯爵，直至最后在色情杀人狂杰克身上看到自己的宿命。是的，她知道他是杀人狂，知道他在偷窥她，但是她发现只有杰克的偷窥才让她感到身体的欢乐。"

所以影片结尾，银幕上的台词是，"在圣诞节前夕，在她从小便开始幻想收到圣诞礼物的时刻，她希望能死在色情狂的手下。"

帕布斯特为电影中的露露写下了这样的结局，那是一个划时代的镜头，她的尸体躺在前面，她的幻影继续在银幕上唱着歌，然后摄像机对着散发出死亡气息的脸一个大大的特写，一束光打在她雪白的脸上。露露就这样带着她那一如既往清白而放荡的身姿和笑容，走向地狱，仿若归家。

现实中的露露比其他任何女演员都更懂得表达爱与死之间的关联，用最抒情的语言来说，这短暂的一系列镜头是她生活和事业的隐喻。在和帕布斯特的合作接近尾声的时候，他对她说："你的生活跟露露一样，"他告诫道，"你将得到同样的结局。"

但是露露并未对自己过去在好莱坞和纽约声名狼藉的生活后悔，她最欣赏罗兰·杰卡德的一句话，"劳驾您指点地狱之路？"如果一切都是自作自受，我愿意承担所有后果。她回到好莱坞，陷入了被封杀的窘境，她拒绝派拉蒙不给报酬就让她给之前的默片配音的要求，于是他们造谣说她的声音非常难听。她在几部B级片里出演了几个小角色，无一例外的都是脸谱化的荡女或娼妇，甚至有的只有寥寥几个镜头。

尽管如此，她早年主演的《生活的乞丐》（Beggars of Life）的导演威廉·A. 韦尔曼（William Wellman）仍然坚持在他的新片《国民公敌》（The Public Enemy）用她做女主角，搭档是詹姆斯·贾克纳（James Cagney）。然而露露拒绝了这个角色，为了和她当时在纽约的情人、老牌橄榄球劲旅波士顿红皮队（现华盛顿红皮队）的老板乔治·普莱斯顿·马歇尔（George Preston Marshall）在一起。她的角色被珍·哈露（Jean Harlow）顶上，珍·哈露从本片开始了她的巨星生涯。

后来露露说，她可能不是一个合格的女演员，因为她从未因为演戏而放弃生命中其他的东西。例如自由，例如爱情。

露露在1932年宣布破产，开始在夜店以跳舞谋生。她曾短暂回到堪萨斯州的威奇托，生她养她的地方。"但这是另一种地狱，"她说。"威奇托的居民要么憎恨我曾经的成功，要么鄙视我现在的失败。我必须承认一个终身诅咒——作为一个社会动物，我的一生是失败的。"在故乡经营舞蹈室失败之后，她返回纽约，做过短期的广播演员和八卦专栏作家，后来她不得不在萨克斯第五大道百货商店当售货员，偶尔也充当富有男子的情妇勉强过活。

尽管并不体面，但是她没有否认过这一切，甚至她还在自传里写下了这样的话，"对一个不成功的已经36岁的女演员来说，我发现唯一可以选择的高薪职业是应召女郎……"其实，如果她稍微"聪明"一点，她都不会过上这样的生活。但是可惜，她永远学不会这样的"聪明"。

在1926年的夏天，布鲁克斯嫁给了导演埃迪·萨瑟兰。但是1927年一次"最致命的邂逅"使她认识了乔治·普莱斯顿·马歇尔，她深陷其中，任性地在1928年和能给她不少帮助的埃迪离婚。马歇尔曾经一再向她求婚，几度分分合合，两人最终还是没有在一起。马歇尔后来和女演员科琳·格里菲斯结婚。

受到刺激的露露在1933年嫁给了芝加哥的百万富翁迪尔林·戴维斯。但在1934年3月露露留下一张纸条，结束了这场只有5个月的婚姻。她向他道歉说，"我利用了一位优雅而富有的崇拜者来治愈自己的情伤，仅此而已。这是不道德的，而我意识到了这个错误。还好，我有勇气主动结束这一切。"

她从来没有想过在婚姻和爱情关系中获得什么实际的好处，

晚年她遗憾的只是没有为她爱过的人生下一个孩子。她有不少仰慕者，其中包括哥伦比亚广播公司（CBS）的创始人威廉·S. 佩利。佩利后来专门为她成立了一个基金，每月固定为她提供一笔生活费用，使她的晚年生活不至于困顿无依。

露露出生于殷实的中产阶级家庭，父亲是律师，母亲是有才华的钢琴家，经常为孩子们演奏德彪西的音乐，从小培养他们对音乐和书籍的热爱。露露受过专业的芭蕾舞训练，早先是剧团里的舞蹈演员。成年后一直坚持小说和剧本的创作，她晚年的自传《露露在好莱坞》（Lulu in Hollywood）中处处闪耀着深厚的文学素养和深刻的哲学思想。她的文字有力度，而且足够坦诚，完全担得起作家这个称号。

应该说人们对这样的女孩子总是有些特别的期望，认为她们理应得到幸福美满的生活，在人生道路上获得成功，最不济也应当成为贤妻良母，安稳体面地过完一生。然而，露露却辜负了这种期待，而且几乎是心甘情愿地辜负了，在可以有别的更好的选择的情况下。

"露露式的享乐主义"是一个因她而创造的词汇，人们不知道该如何描述她的生活方式。她不是自甘堕落的风尘女子，在自暴自弃的同时还要把责任都推到社会和他人身上；她也并非玩弄人心的蛇蝎美人，成为了欲望的奴隶而走向毁灭之路；她更不是误入尘世的贞洁圣女，徒劳无功地在这污秽的世间摆出虔诚的祈祷状。她就是她，独一无二，无可取代。这世间只有一个露露，只有一个露易丝·布鲁克斯。

人们总是给成功者以掌声，给失败者以同情。还有一句话说，"可怜之人必有可恨之处。"但是露露不需要同情，她坦荡地过了一生，不以金钱和成就来衡量自己人生价值的一生。她不夸耀，也不悔恨，"我骑马、唱歌、跳舞，作为妻子、情人、荡妇、朋友等，甚至于烹饪都一败涂地！可是我从不用'未曾尝试'的借口逃避或谴责。我都全心全意试过了。"对这样的人生来说，无所谓结局，也无所谓开始。除了无限的生活热情，其他的一切都变得不再重要了，甚至失败，也变得不那么重要了。

赛缪尔·贝克特说过，"再试，再失败，更好地失败。"以前我不懂这句话的意思，可是讲完露露的一生，我终于懂了。

十年一觉演员梦

一个演员把自己的时间花在哪里，观众是看得见的。我想这可以解释为什么很多人被黑出翔之后，不吭声，不辩解，不撕逼，只要踏踏实实拍戏，依然会得到业内的认可和观众喜欢的根本原因。比如，到今年已经出道10年的赵丽颖。又比如，周星驰。

把这两个名字放在一起，最近学会"争咖位"这股歪风邪气的人肯定不满了，这两个人咖位差远了好吗！怎么能相提并论！他们的成就和地位确实差距很大，但道理是一样的。他们都是懂得作为一个演员的基本修养，就是把本职工作放在炒作之前的人。

周星驰这些年的经历可谓"众叛亲离"。香港演艺圈的人几乎都把他妖魔化为片场的暴君，现实生活中的小人，说他不知感恩，不通人情世故，不把其他人当人看。向太更是常年追在他屁股后面狂喷，但星爷的回应是什么呢？是《西游降魔篇》，是《美人鱼》，尽管作品不尽完美，却也让那些攻击他的人永远难以望其项背。

赵丽颖也是如此，没有在表演艺术类专业深造过的她进入娱乐圈纯粹是半路出家。2006年，19岁的她因获得雅虎搜星比赛冯小刚组冠军并且与华谊签约。这个开局似乎是梦幻的，就像王凯刚大学毕业就签了华谊一样。

但是赵丽颖并未因此在冯小刚的电影中得到哪怕一个路人甲的角色，这个冠军头衔仅仅让她在冯小刚执导的《跪族篇》中露了脸。

这个短片没有引发多大的水花，但是赵丽颖依然感谢这个机会，因为这个镜头都找不到的短片让她有机会进入了演艺圈。尽管接下来的许多年里，她都需要在各种剧里打酱油且看不到任何能挑大梁的希望。

但是哪怕再小的角色，她也非常珍惜恨不得用百分之二百的努力去演好它，因为她知道自己比起其他科班出身的同龄人差得太多了。如果不认真对待每个小角色，那么她很可能以后连小角色都没机会演了。

她还拍过雅倩佳雪的广告，当时觉得这个姑娘好可爱。

和同是半路出家的周迅不同的是，支撑周迅演艺事业日渐璀璨的是她得天独厚的灵气和天赋。但是性格内向的赵丽颖没有那种被上天吻过一般的演技，她只能靠后天的勤能补拙来填补自己和天才型演员的差距。

无论拍多小的角色，她都在剧本上记满了笔记和对角色的揣摩心得，台词全都背熟从来不对口型，包括对手戏的也都一起背，每天睡前还要过一遍台词。所以就算这些年有那么多人黑她，但是还没有人黑过她的敬业态度。

2011年她发的一条微博就已经对演员这个职业理解得很透彻了，"要努力才会有收获，我不喜欢不劳而获的心态。认清自己的职业，遵守自己的职业道德。我是演员，我内心强大，我不会怀疑自己，我知道承受的定义。我不会怨天尤人，我会坚持！继续拼搏！Fighting！"

那些年，她是《新红楼梦》里惊鸿一瞥连一句台词都没有的邢岫烟，是各种剧里的小丫鬟。

但是这些积累并不是在做无用功，如果没有这些路人甲和女N号的磨炼，没背景没人脉没有专业表演功底的她又怎么能一步步走到足以胜任《新还珠格格》里的女三号晴儿的角色，并脱颖而出尝到小红的滋味呢？

接下来才有了《宫锁珠帘》里的百合，和让她尝到一夜爆红滋味的《陆贞传奇》，可是还没来得及好好品尝成名的滋味，赵丽颖就从里到外被黑的体无完肤。那段时间，赵丽颖从出身、学历、绯闻都被黑了个遍，甚至连上综艺节目喝口水都被黑，回过头来看看只能说有些人真是脑补帝戏太多。

但是她是怎么应对的呢？她默默拍戏不发一言，而且在时过境迁之后可以将这段受伤的经历拿出来安慰别人。在《偶像来了》里古力娜扎称不明白是什么原因，自己讲什么都是错的，很多莫名其妙的新闻都会发在她的身上。赵丽颖在一旁逗比地安慰她说："这算什么，我喝口水都会被黑。"

《杉杉来了》里让人丝毫讨厌不起来的傻白甜薛杉杉，《花千骨》里为爱执着心地善良的小骨花千骨，多少当年跟风黑得追剧追地都停不下来。接着还有让人期待的《老九门》和《胭脂》。在85后小花普遍戏路单一难有突破的现状里，赵丽颖却在不断地尝试和挑战不同类型的角色，而且每一部戏都看得出她的进步。

在《花千骨》里还要靠烟熏大浓妆才能hold住的妖神气势，到了《蜀山战纪》里亦正亦邪的玉无心她已经可以靠演技收放自如了。

我还蛮喜欢《宫锁沉香》里的琉璃，还有《蜀山战纪》中的玉无心这样复杂一些的角色，总不可能一辈子演傻白甜吧，花旦总有一天要转型成青衣。

她曾说，"被人误解，被人欺凌，只因为你们自己不够强大，没有让人尊重的理由。"而让一个演员强大起来的唯一可能，就是用你的作品你的演技说话。默默努力做好自己的工作，别管别人怎么说，因为这个世界不仅有水军，有黑子，但更多的是观众这一群体的存在，这才是一个演员演艺生涯赖以生存的基础。

现在有很多粉丝（以在校学生为主）以为微博为他们的战场，每天忙着给自家的偶像点赞转发，跟其他对手（多半还是臆想出来的）撕逼争番位，把微博热搜里的风吹草动当世界潮流。可是现在85后的小生小花里有几个是有国民度的？我说的国民度是25岁以上的人都知道的，不刷微博甚至不怎么看国产影视剧的人都知道的那种。

而赵丽颖算一个，说到这里真的要佩服一下我妈的眼力，赵薇、王凯和赵丽颖都是她安利给我的。当时我妈看的戏分别是《姐姐妹妹闯北京》《北平无战事》和《新还珠格格》……

作为一个演员，无论你买多少微博热搜，和多少流量小生或者小花传绯闻，多么的长袖善舞会经营人脉做生意赚钱，甚至背景雄厚得可以拍一部又一部众星捧月却票房惨败的电影……最终你还是要靠作品说话，因为真正的观众和表演奖项的评委不是看微博热搜认定你的。除非你一辈子只想靠颜值刷热度赚钱，只把自己当明星而从来不想在演艺事业中有所进步。

这也许是当下中国演艺圈的乱象，有多少小鲜肉小花旦没有任何代表作品就红得像坐了火箭一样一飞冲天，就像黄轩曾经说过这样的话：

"有时候我觉得很沮丧，对当下的中国年轻演员来说，可能表演本身已然不重要了。长得好看一点，拍一个古装神剧就出来了，然后突然就火得一塌糊涂，很多电影的大导演就去找他们来演自己的电影，目的竟然是利用粉丝效应保障票房。大银幕没有以前那么挑剔了，现在是数字派，也没有胶片那么挑剔了，甚至谁都能当导演了，这个事也特别奇怪。

选这种演员的时候，没人去问你对电影有多热爱，没人问你拍过多少电影，也没人问你去过多少电影节，对电影有什么样的态度和理解。只要你粉丝多就行，你就是主角了，仿佛在宣布，我们这个电影不靠剧本，不靠制作，就靠你了。"

虽然现在的演艺圈有很多的乱象，但我相信不会永远如此。而且这个世界上永远不缺更年轻更帅的鲜肉，如果只看脸不需要演技，演艺圈就都该是模特们的天下了。正因为有人不满足于被定义为靠脸吃饭的偶像，才能在新人辈出的演艺圈屹立不倒成为一棵常青树。

我们常常对诸如小李子、梁朝伟、周迅、章子怡，这样"明明可以靠脸吃饭却非要靠演技"的人百思不得其解，却往往忘记问一句当年和他们一起出道时只靠刷脸为生的青春偶像们的下落如何。

付出永远和收获成正比，也许有时候付出也得不到应有的收获，但是不付出时间去钻研任谁也能看出你的表演很让人出戏。10000小时理论在哪个行业都是说得通的。

你把时间浪费在成天刷微博手滑点赞上，你对戏就只能说"12345"或者频频笑场；你自觉人气正旺未来有拍不完的戏从不懂得什么叫敬业，拍戏还嚼口香糖，点眼药水都流不出泪，就别怪观众不买你的账，每次都红配角不红你。

　　"赵丽颖是那种很难搞的演员。"圈内好友这么说她。因为她从来不和稀泥，你好我好大家好敷衍着把戏拍完就算的观念在她这里从来就行不通。如果她发现剧本台词有问题，她会提出来；如果服装造型有问题，她也会提出来，因为这是她必须要认真对待的工作，她既然选择了它，就要为它负责。

　　她红了之后和之前相比并没有太多的改变，依然不懂得混圈子拉人脉，在圈中没有多少"姐妹淘"，她说话还是那么的直率不会来事儿；平常除了在微博上能看到她发的穿着戏服的自拍之外，你基本上得不到其他有关她的任何消息。

　　丹尼尔·戴·刘易斯的一句名言是，"你作为一个演员，你不能让观众知道你袜子穿的是什么颜色。"他的意思是说，除了演戏，不要接触媒体，不要接触观众，他们看到你只是在舞台上的角色就好了，这样他们才能入戏。当然这在当下是不可能的，但是无论到了什么时候，一个好的演员都要尽可能安静，并且专注。你要是沉不下去，你就无法走入你要表达的角色的内心深处。

　　赵丽颖说，"剧组是我的归宿，剧本是我的师傅，而我就是那个会为了角色而付出一切的'赵小骨'。戏里的花千骨，有了最好的生存方式——忘记。而戏外的小骨，依然会选择倔强地走出自己的人生路。"

理解了她这股倔强的韧劲儿，你就能理解她在拍摄《花千骨》的时候为什么能从地里拔出萝卜不洗就直接吃下肚，为什么可以在拍后期虐心戏份的时候除了吃饭之外都把自己憋在屋里不和其他人交流，只为保持住戏中那种孤寂绝望的感受。也许你觉得她很笨，可她就是用这种笨办法让自己一点点贴近角色；也许你觉得这不过是每个演员都应该做到的事，可是在当下的大环境里，她简直是一股清流。

这个在大红之前演了7年配角的女孩子，这次能入围白玉兰奖视后的评选我觉得就是对她敬业精神的认可。提名也是一种肯定，毕竟同时竞争的是赵薇孙俪这样级别的影后视后。作为85后的小花，赵丽颖比起前辈们还有很大的演技提升空间，未来可期。

至于赵丽颖到底是什么样的人？我觉得只要她好好演戏不作妖就行了，其他的关我屁事。她说："我把我的喜怒哀乐都献给了每一部剧，不管是压抑、委屈、开心、乐观，我都通过我所饰演的角色表达了出来。都说戏如人生，人生如戏，那我就用每一个故事来演绎我的不同人生。这是我的追求和梦。这一次，我是赵丽颖。"

她的日子，除去快乐，什么都不缺

　　九月的第一个周末被舒淇和冯德伦出其不意地宣布"我们结婚
啦！（但是没有怀孕）"的新闻刷了屏，围观群众纷纷表示"我们
又相信爱情啦！"翻了不少自媒体的文章，套路也大同小异，基本
都是歌颂二人"终于等到你，还好我没放弃"的真爱至上套路。他
们都选择性地忽视了在两人交往的这四年间，舒淇数次在社交媒体
上明示暗示两人的恋爱关系，但是都被冯德伦坚决否认的历史。最
近的一次，就在今年的六月份，舒淇晒出二人合影疑似公开恋情，
冯德伦依然回应，"只是朋友。"

舒淇的爱情，从来不是王子公主一见钟情之后就从此过上幸福生活的玛丽苏故事，说舒淇和冯德伦的坎坷情路让人相信爱情实在太勉强，倒不如说是容易让人更不相信爱情了才对。平日里舒淇的微博总是直爽率真、少女心满满的样子，但是偶尔几次在社交媒体上怒骂渣男和流露出对爱情的悲观态度的时候，她还是泄露了这副开朗乐天的外壳之下偶尔脆弱的自我。

　　所以她不快乐。

　　记得多年前看到眠去写的几个句子：
　　过去在一本小说里读到的对话，女主角说："幸福不如快乐。"
　　"两者有分别吗？"
　　"有，幸福是过好日子，快乐……快乐是快乐。"

　　我想，这正是舒淇的写照。她的生活在普通人眼中无疑是幸福的，这个高中都没毕业就被养家糊口的重任逼得走入社会谋生的女孩子，为生计所迫甚至有过不光鲜的艳星历史。然而她又是极其幸运的，她很快穿上衣服跃上了大银幕。她成为了红毯上的女神，有大制作拍，有奖拿，还有票房，多年稳坐华语影坛一线女星的宝座。香车宝马，衣食无忧，连睡的男孩子都是男神中的男神，一个赛着一个的漂亮……

你该想问，她还有什么不满足呢？可是她就是不满足呀。Tom Ford说："所谓快乐，就像我们头脑中的一个开关，快乐和得到一座新房子、一辆新车、一个新女友或者一双新鞋子无关。我们的文化都围绕着物质打转，我们从不为自己当下拥有的东西而满足，一心想着要得到些什么自己难以得到的东西才会快乐。"所以上面说的那些都不能让舒淇感到快乐，她总想要一个结果，也许都不是婚姻这个结果，而仅仅是对方一个大大方方的公开承认而已，但是她得不到。她的日子，除去快乐，什么都不缺。

也许你会留意到，舒淇这么多年来，甚少和富商豪门传出绯闻，这在港台女星中简直是珍稀动物。她如果只是想求得一场婚姻，嫁富商远比嫁圈中人要容易得多。但是她对待爱情和婚姻的态度堪比玛丽苏小说中的女主角，完完全全的真爱至上不考虑现实，更不要提什么利益输送。

她也有这个资本不考虑现实只考虑爱不爱。她在接受采访的时候说这几年帮她张罗相亲的朋友越来越多，"最近常常有人帮我安排，师奶姑妈姐妹，很怕回家，也不想出去与人喝茶。如果蹦出一个男生坐在我面前，我就把他介绍给更需要男朋友的人。有一次，我就把很想嫁出去的一个女生带去，他们现在发展得很好。"她还笑言，如果有感觉就会把朋友踢走。舒淇透露没有设定目标为富商，只挑"人好的""主要是缘分吧，相亲也可以，看到没感觉就是没缘分。我自己可以挣钱养活自己。现在的心态比较偏向于理智，没有突然撞出火花的感觉"。

舒淇在今年2月18日写过一段文字，"爱情是从第一次见面开始，那一眼就在心上种下了一颗种子，种上了未来的希望，也对人生有了新渴望，希望着等着眼里的他来灌溉，渴望着能跟对眼的人，相守在一起。"这大概可以说明她对爱情的态度。

就算是女神，过了四十岁的生日也要被叫作"黄金剩斗士"了，但是四十岁的舒淇对待爱情的憧憬依然和小女孩一样，要挑自己认为好的有缘分的男人。当然我们都知道她说的这个"人好的"男人岂止是好，都是有才华有颜值的男神级别人物好吗！就像小S说的，"为什么你的好朋友都是帅哥？"

几大绯闻男友比拼一下，也许黎天王还算是最没才华的一个了，除了颜值高演技不错之外没啥别的技能。其他的，张震是那个拍一部戏就成为一个领域的专家的男人；冯德伦是又组乐队又当导演又搞影视公司的多面手，说他是"女人汤圆"简直是侮辱他也侮辱那些被他迷得五迷三道的女人好吗？

一个人的择偶观才是Ta真实价值观的体现啊，这也是为什么我看《欢乐颂》差点对王凯脱粉的原因，一个能喜欢上曲筱绡那种女人的男人伪装得再好也是一个没品位的村炮。就像张小娴说的，"最能反映一个女人品位的东西，不是她的衣着和爱好，也不是她读什么书，吃什么东西，家里怎么布置，而是她过去和现在爱上一个怎样的男人。品位有时可以花钱去学，唯有爱情是最真实的她，是她品位的全部。她在其他方面看来很有品位，她爱着的却是一个差劲的男人，那么，她的品位还是不怎么好。"

　　我狗尾续貂地补充一下：当一个女人什么都有了的时候，她选择和什么样的男人在一起，尤其体现出她的真实品位。因为生存环境所限，很多时候无论男女都不可能随心所欲按自己的喜好去挑选另一半，阶级、财富、前途、权势等因素都会影响我们的选择，从而掩盖了我们的真实喜好。就好比我从来不认为邓文迪选择默多克是她对男人真实品位的体现，英俊文雅的布莱尔看起来还差不多。

　　当一个女人财务自由，有了受人尊敬的地位，也有了施展自己才华的事业的时候，她已经无需通过结婚来实现社会阶层的上移和生活质量的提升的时候，她就可以任性地和自己想要的人在一起了。嗯，比如舒淇。她选择的都是那种把精神世界和现实生活都活得特别丰富的男人，这种男人的好处是和他们在一起永远不用担心

202

无聊，他们的思想和生活从来不会贫乏，他们能让他的伴侣经由他去探索未知世界的边际。

两个人的结合其实就是两个世界的碰撞、融合、拓展，舒淇和周迅那种通过恋爱去认识世界的方式有点类似，不过周迅更感兴趣的是谈恋爱的对手，而舒淇则更向往爱人心中那个陌生而有趣的世界。侯孝贤说过，"舒淇的智商130，虽然书念得不多，但她现场的反应非常快。"2010年的《精武风云》，监制陈嘉上夸舒淇是十分聪明的演员，因为她几乎看完剧本就能背下全部台词。舒淇是一个很好也很有天赋的学生，一个好的恋人是一所好的学校，她没能在学校里学到的东西，她都通过恋爱去感知和学习了。

比起这些，公开恋情或是一纸婚书真的有那么重要吗？面对和有趣的人在一起但是不一定能结婚，和无趣的人结婚但是生活得没那么有趣的选择上，舒淇自己也是矛盾的，否则她就不会那么不快乐。

如果只是为了嫁出去，她根本就不用谈这么艰辛的恋爱。个人生活越丰富精彩的人，想要脱单的动力就越低，因为爱情从来就不是他们生活中唯一的选项。想要一只围着你转把你当成全世界的忠犬，就不要嫌弃他的世界里除了你一片荒芜。

我有个朋友都快三十岁了还单着呢，连谈恋爱的兴趣都没有，不了解内情的大概都会很怜悯她。但她更怜悯那些成天腻歪在一起无所事事的情侣，觉得那就是浪费生命好伐！她的空闲时间都拿来阅读、写作、下厨、摄影、刻橡皮章、画葫芦……兴趣多得不要不要的，年初又报了击剑班。在她看来恋爱结婚这些选项都没意思透了，就算能找到频率和她在一个波段的异性生物，一旦选择步入爱情的坟墓，还不是得去过天天买菜做饭伺候老公孩子晚上看完新闻联播就累得洗洗睡了的规律生活？

舒淇现在种种的看不开和不快乐，大概就是还没有参透幸福与快乐不可兼得的道理吧。不幸福的人生也会有偶尔快乐的时光，而因为执念感受不到快乐的人生却始终不可能真的幸福。这点她真的应该多和徐静蕾学一学，找到合适的愿意在一起公开恋情的伴侣固然很好，如果不愿意的话，就尽情享受恋爱的过程好啦。就算是一个人，也可以把日子过得有滋有味呀，快乐又不是只存在于男人身上。

但是舒淇的这种不快乐，这种纠结，可能当下很多女孩子都感同身受。我们现在存于东西方观念差异的裂缝之中，接受的现代教育告诉我们，单身是获得自由和隐私的保障，不要为了不尽如人意的伴侣牺牲自己的事业和生活方式。每个人仅此一次的生命不应该屈服于传统社会的压力而被迫组织家庭去过牺牲自我的群居生活，而应当尽可能地去尝试不一样的生活方式，去实现生活丰富的可能性。

然而纽约大学社会学教授Eric Klinenberg在他的著作《单身社会》里提到：

三四十岁依然独居的女性面临更多的社会压力，无论是偶然还是刻意选择了单身，大多数我们调查中的女性都表示，进入三十岁以后，能否以及如何找到人生伴侣并生育自己的孩子，成了她们生活中不可避免的一部分。她们发现身边的人——朋友、家人，甚至新结识的朋友，总是很关注她们的家庭生活，觉得这比任何其他事都重要，这些人在每次谈话中都急于询问她们是否有交往的对象。

对于单身且独居的女性而言，这很普遍，以至于许多人怀疑究竟是她们自己更焦虑，还是她们周围的人更为急切。

但几乎所有的报告都指出，这令她们感到难堪，无论个人或职场成就如何，她们认为公众眼中自己的形象是"骄纵的"——社会学家欧文·戈夫曼用了这个字眼，形容单身独居女性面临的更庞大复杂的压力——社会正贬低她们的成就和形象。

西方的单身女性尚且要遭遇这样的社会压力，遑论习惯了家族宗法制社会的东方呢？无论你一个人过得有多好多成功，只要你还没有结婚，周围的人包括你的亲友就会默认你是个loser。我认识很多独自在帝都工作生活的女性朋友，她们每个月的工资在6K左右，刨除个人所得税、房租、交通费和固定的伙食费之后，大概只剩下不到两千块。她们习惯了一年被房东毁约折腾搬好几次家，需要非常精打细算的生活才能安排一个月去看一次话剧或者一场演唱会，但是她们依然愿意这样生活下去。因为她们知道，自由不是毫无代价的。

回到舒淇身上，也许我们这些围观群众也是戏太多，都不知道到底是舒淇自己焦虑嫁不出去还是我们更为急切，所以纷纷义愤填膺地围攻冯德伦要他给舒淇一个交代。但是细想想，舒淇已经比我们大多数人自由得多了，起码她在四十岁的时候还在追求真爱并且希望因为爱情才去恋爱或者结婚，这已经是一种难能可贵的幸福了。所以她为了爱情烦恼，为了爱情不快乐，也不过是求仁得仁，说到底，我还是很羡慕她呢。因为我们很多人，连这种不快乐的自由都失去了。

"失恋别流泪，因为上天多给了你一次寻找真爱的机会。想爱，就别怕受伤害。"

请珍惜任性这种天赋

最近，"有钱，就是任性"这句话莫名地在网上火了，可是我非常抵触这句话。因为我感觉，随着跟金钱和土豪这些敏感的词挂钩，"任性"这个词的语义势必要发生微妙的变化，而且是朝着贬义的方向。这个词本身在我们的成长过程中就已经不受欢迎了，在父母师长眼里，"任性"从来不是什么好事，它代表着孩子气、不成熟，甚至是不负责任，我们一直以来所受的教育就是在试图消灭它。

"不再任性"意味着老于世故，意味着接受了这个社会通行的绝大部分规则。

这是我们绝大多数人的命运，因为我们接受了这样的观点：一意孤行按自己的想法去生活是必然要碰壁的。可是我们常常忽略的是，也许对普通人来说的确如此，但是有力量改变这个世界的人，他们通常都很任性。或者可以说，正是因为他们的任性，他们的人生从此不再平凡。

这是我在看美国版《Vogue》的创意总监格蕾丝·柯丁顿的自传《格蕾丝传》时最深切的感受。

最近看的时尚界传奇人物的传记，例如山本耀司的自传《做衣服》、亚历山大·麦昆的同名传记，还有澳大利亚版《Vogue》的前主编科斯蒂·克莱门茨所著的《Vogue的真相》等，虽说各人对时尚的认知和观点各不相同，但是他们能够走向成功之路都有一个共通点，就是他们都足够任性。

时尚是最大程度展现个性的行业，任何的中庸之道、人云亦云在这里都是被唾弃的。这里没有规则、没有定律、没有"应该"，就像山本耀司所说的那样，他所取得的成就都建立在"反对"之上，反对一切的一切，甚至是反对自己，就是这么任性。因为时尚不仅是创造，也是破坏。如果不能保持永远年轻，永远热泪盈眶的青春期心态，是绝对不可能有源源不断的灵感涌现的。

格蕾丝·柯丁顿做时装编辑之前，是60年代的第一批国际超模。维达·沙宣为她设计的"五点剪式"发型使她终成一代发型大师，而格蕾丝自创的"twiglets"眼妆被之后的时尚icon崔姬模仿而风靡全球。她结过三次婚，第一任丈夫是京剧大师周信芳的儿子、人称"华人食神"的周英华。他们一起创造了"Mr Chow"这个被称为"名人食堂"的餐饮帝国。之后虽然他们离婚了，但仍然是朋友，甚至她和周英华的第二任太太、知名设计师周天娜成为了挚友，并引荐她到《Vogue》拍摄了一系列经典的时尚大片。

　　任职美国版《Vogue》创意总监的二十多年中，她是主编安娜·温图尔最得力的左膀右臂，这两个女人将《Vogue》一手打造成了无人可以超越的行业巨舰。尽管格蕾丝和安娜·温图尔都已经七十多岁了，但是传奇仍然在继续。"只要创意还没有从脑海中消失，我就不会退休。"

　　这就是格蕾丝一生的履历，看起来足够耀眼，但也让人没有什么感同身受之处。传奇的经历和人生离我们太遥远，有时候就感觉只能仰望了。似乎只能安慰自己说，他们天赋异禀，是和我们不一样的人，所以可以拥有精彩的人生。但是在格蕾丝光鲜的履历后面，隐藏的其实只是一个普通的女孩儿一生任性的经历。在格蕾丝的生命中，姐姐露西占据了极其重要的位置。可以说露西的一生就像格蕾丝的参照物，时时刻刻在提醒她，如果按别人的想法去生活，将会怎样一点点地丢掉自己。

露西和格蕾丝出生于英国贵族家庭，尽管战后逐渐开始没落，但是姐妹俩依然受到了良好的教育。战后逐渐变得开放的社会潮流也在不知不觉地影响着她们，露西最早开始购买《Vogue》杂志，她是格蕾丝的时尚启蒙者。尽管喜爱时尚，露西还是按着家人的期望和当时的传统，在18岁就结婚了。格蕾丝则大胆地跑到伦敦开始了自己的职业模特生涯。1962年，露西终于和丈夫离婚，来伦敦投靠妹妹准备开始新生活。她热爱艺术，会画梦幻般的水彩画，但是她完全不确定自己想做什么。这个离婚后的乡村姑娘，没有努力去成为一名职业女性。她习惯了依靠男人，在屡次遇人不淑之后，她撇下了两个私生子撒手人寰。

也许是露西的悲惨遭遇刺激着格蕾丝一生都在不断挑战和超越自己的极限，而远离人人向往的舒适区。当她同期的模特都把嫁给贵族和政治家作为自己职业生涯的完美收官时，眼见周英华的餐饮事业蒸蒸日上的格蕾丝接受了英国版《Vogue》初级时装编辑的职位，年薪仅1100英镑，并且在感情转淡时毅然结束了这段婚姻。在别人眼中屡屡任性而为的她，终于走到了她一开始都没能梦想企及的高地。

任性是一种天赋，可惜我们一直在遏止它的能量。对格蕾丝来说，任性是阻止生活停滞不前最好的良药。她认为时装编辑最重要的意义就是让人们心存梦想，"就像我孩童时代看到漂亮照片时那样。"如果她心中没有了梦想，她又怎么能继续这份工作？"我还在编织梦想，挖掘我可以找到的灵感，寻找现实生活里的浪漫。"所以，也请珍惜任性这种天赋吧，它得以让我们成为真正的自己。

我宁可在XX车里哭，也不在自行车上笑

早年间《非诚勿扰》的走红有很大一部分原因，源于初期的嘉宾马诺说她的择偶观是，"宁愿坐在宝马车里哭，也不愿坐在自行车后笑"，这句拜金意味强烈的话刺激了很多人的神经，引发了极高的关注度。

然而这句话并非马小姐的原创，它的原主人无论来头、狂劲和臭名昭著的程度，都不是马小姐可以望其项背的。人家是连宝马都看不上的，要坐的是劳斯莱斯。"I'd rather cry in a Rolls-Royce than be happy on a bicycle." 这句话，是被称为"黑寡妇"（Black

Widow）和"Lady Gucci"的Patrizia Gucci的名言。对，就是我们都知道的那个Gucci！

她是Gucci家族末代掌门人Maurizio Gucci的妻子，也是她，亲手将Maurizio Gucci送入了地狱。

1995年9月23日早晨，Maurizio Gucci像以往的每个早晨一样，前往他位于米兰市中心的办公室上班，在缓步走上楼梯的时候，他被一个来自于西西里岛的年轻人枪杀在楼梯上。后脑两枪，太阳穴上一枪，46岁的Maurizio当场毙命。18个月后，Patrizia被捕了，她被指控谋杀Maurizio。从对她的审讯中获悉，是她花钱雇了职业杀手来解决前夫的性命，此时距离Maurizio向她提出离婚已经过了10年之久，而距离他们长期拉锯之后终于签字离婚也已经过了4年。

也许有很多人想不通为什么过了这么长时间，Patrizia还放不下对前夫的执念，甚至恨得要杀了他。可是想想她的名言，也就不难理解这个女人的内心了，任何剥夺她在劳斯莱斯里哭的权利的人，都是她的敌人。尤其是她的丈夫，这个给了她一切却又夺走她一切的人，践踏了她的自信与骄傲，脱离了她的掌控，狠狠冒犯了"蜂后"的尊严——没有一只女王蜂会对不听话的工蜂手下留情。

"我恨不得马上看到他死去。"这是Patrizia在离婚生效的那一刻咬牙切齿地对闺蜜说的话，之后成为了法庭呈堂证供的一部分，用以证明Patrizia对杀死Maurizio一事蓄谋已久，绝不是一时冲动。

Gucci家族从发家到兴盛再到衰落不过三代而已，却也按部就班地演完了一切豪门大家所要上演的恩怨情仇：争产、谋杀、互相出卖、利用、合纵连横……加上意大利人天性中的浪漫不羁与潇洒随性，Gucci家族的历史活脱脱就是时尚版的《教父》，意大利版的《琅琊榜》。

所有故事的开头都是美好的，在以谋杀案结束的这段婚姻关系中，却是以"爱美人不爱江山"的传奇爱情故事为开始的。Maurizio Gucci是Gucci第二代管理者之一Rodolfo Gucci的独子，Rodolfo Gucci早年间当过电影明星，艺名是Maurizio D'Ancora，看来他非常喜欢这个名字，后来就给自己儿子用了。

Rodolfo Gucci在中年才回归家族企业做管理，之前一直混娱乐圈，虽然是在纸醉金迷的镁光灯下生活，但是这位大帅哥是个不折不扣的情种。他和女演员Alessandra Winkelhauser Ratti在1944年结婚，四年后生下Maurizio，六年后Alessandra因患子宫癌离世，当年才

42岁的Rodolfo之后再未娶妻，靠抚养儿子长大和把自己关在暗室里剪辑妻子的影像资料度过了余生。

痛失爱妻的Rodolfo将儿子Maurizio视为唯一的精神支柱，他基本上是寸步不离地在关注儿子的成长。然而硬币总有两面，太多的关注往往意味着太强的占有欲和控制欲。Maurizio的生活没有一刻属于自己，父亲规定他什么时候吃饭、什么时候睡觉、学什么专业、业余时间有什么爱好、和什么人交往……富豪帅老爸对他严格到近乎抠门，在他成年礼的时候给他买了一辆很一般的车，而且，并不给他开……在司机没空的时候只让儿子骑自行车出行，而当时Maurizio的同学普遍开的是保时捷。

Maurizio终于按照父亲的期望成为了一个恭谨、礼貌、顺从、好学的英俊青年，据说他是整个Gucci家族里最害羞的青年，父亲Rodolfo和伯父Aldo将他作为第三代家族的核心接班人来培养，对他寄予厚望。然而两位老人家没想到的是，22岁的Maurizio遇到了和他同龄的姑娘Patrizia Reggiani，一见钟情之后执意要和她结婚，从此开始了他迟到的却一发不可收拾的叛逆期。

老爸Rodolfo很是看不上那个身材娇小浓妆艳抹的姑娘，她没什么品位的穿衣打扮只是次要原因。主要原因是帅老爸嫌Patrizia是个来自底层的拜金女（'gold digger' and 'low class'）。虽说帅老爸的老爸不过也是个出身卑微的帽子制造商，但是人家现在已经发达了，自然看不上不仅有个洗衣妇出身的老妈，而且连生父都不详的Patrizia。

虽说Patrizia出身底层，但是Maurizio遇到她的时候，她并不是灰姑娘。不得不说Patrizia之所以那么厉害，是因为她背后有个很厉害的老妈。作为一个带着拖油瓶的洗衣妇，她在女儿12岁那年嫁给了城中富豪Fernando Reggiani，Fernando对母女俩很好，他正式收养了Patrizia，让她继承了自己的姓氏，而且用昂贵的高跟鞋和貂皮大衣惯坏了这个从底层一步登天的小女孩。

嫁给有钱人，特别是一个对你言听计从的有钱人，意味着得到财富和安全感。母亲的言传身教以及自己的切身感受使得Patrizia将嫁入豪门列为人生的首要目标，她接受良好的教育，让自己的言行和谈吐都和上流社会看齐，让自己变得越来越优秀，这一切的一切，都在为目标蓄力。直到她遇到了最合适的目标——单纯易控制的大男孩Maurizio。

Patrizia对Maurizio的感情不止掺杂着对金钱的极度渴望，她确确实实是爱Maurizio的，尽管这种爱，自私又有毒。她曾经在他提出离婚的时候说："Maurizio是我的丈夫。不管是过去、现在，还是未来，我都永远爱着他……不幸的是，他不是我想要他成为的那个人。"

Patrizia想要控制自己的丈夫，在他们相遇的早期，自信、强势又热情的Patrizia简直就是Maurizio梦寐以求的那种女性，她不仅扮演着情人，也扮演着Maurizio童年缺失的母亲的角色。她教导Maurizio应该如何成为一个自信的男人，首先就要敢于和自己的家族说，"不！"Patrizia的控制，成为了Maurizio用以摆脱父亲控制的武器。

Patrizia很清楚自己在Maurizio生命中扮演的是什么样的角色，她在Rodolfo死后说："我永远不能原谅Rodolfo对我的婚姻的阻挠，他甚至连让我们喘息的机会都不给。他不会让他的儿子做任何事，不会让他的儿子自己决定什么。我再也不想提起Rodolfo的名字了。他从来不认为我配得上他的好儿子，但事实上，没有我，Maurizio什么也不是。他总是软弱怯懦，他需要我站在身后，给他力量。"

帅老爸Rodolfo面对突然就不听话的儿子简直气得要吐血，他威胁Maurizio，"如果你要跟那个拜金女结婚，我就把你逐出家门，而且让你的名字从我立的遗嘱里消失，你们两个得不到Gucci家族的一毛钱！我看那个冲着你的钱勾引你的女人在你没钱的时候还会不会要你！"父亲气得口沫横飞的最后通牒没有拦住Maurizio。都说蔫人出豹子，兔子急了也咬人，家族里最害羞最听话的小男孩真的拎着箱子离家出走去投靠女朋友了。

要说Patrizia一家都不简单，她的继父Fernando不仅收留了上门来的女婿，还花钱给他俩大操大办了一场高大上的婚礼。看人家娘家都那么豪气，Gucci家族这边也有点坐不住了。过了大概不到两年，Maurizio和Rodolfo父子俩和解了，为了讨儿媳妇的欢心，帅老爸还一次性大手笔地赠予了小两口好几套位于世界各地的豪宅，让他们可以天南地北飞来飞去地过逍遥的日子。

"春风得意马蹄疾，一日看尽长安花。"Patrizia才二十出头就实现了自己的人生目标，环游世界、不用工作、任性买买买……坐在专职司机驾驶的劳斯莱斯里，Patrizia说出了那句名言。在他们婚姻的早期，毋庸置疑是幸福的，是王子和公主从此过上了幸福生活的现代版。当时Maurizio还未卷入到家族政治的漩涡里，他和妻子以及两个女儿过着田园牧歌远离尘嚣的生活，在米兰有大房子，在海边有别墅、游艇，随时到世界各地去度假。他们是米兰上流社会的模范夫妻，围绕他们的都是政治家、艺术家和作家，谈论的话题都是优雅而又极富深意的。

然而，日渐成熟起来的Maurizio不仅开始对家族企业跃跃欲试，而且在父亲去世之后，他发现自己还是没有摆脱家人的控制，Patrizia就跟当年的老爸一样，无论是公事还是私事，她都想要插手教Maurizio该怎么做。不仅如此，Patrizia还变得越来越迷信，她跟灵媒Pina Auriemma打得火热，无论做什么事之前都要用塔罗牌占卜一番，真像是烧龟壳牛骨之类来占卜吉凶的股商先民啊。

1985年，Maurizio做了两件大事：首先是公事，他继承了父亲在公司持有的一半股份，之后将伯父Aldo和表兄Paolo调离董事会，赶出了Gucci。自从他爷爷在佛罗伦萨开办第一家商店以来，他是第一个像爷爷一样独自掌控公司大权的唯一一位Gucci家族成员；接下来是私事，5月22日Maurizio在与家人同居的米兰复式公寓里收拾行李，他告诉女儿，爸爸要去佛罗伦萨待上几天。其实他是离家出走了，城府不深的Maurizio并不善于掩饰，所以第二天上门的家庭医生脱口说破了他的计划。没有第三者，没有婚外情，他只是要自由，他不顾一切地逃走了。

Patrizia得知Maurizio居然想逃离她掌控的消息之后差点疯了，但是强势的她很快冷静下来，开始筹备一系列挽回丈夫心意的计划。在母亲和灵媒的建议下，她开始变得温柔，不去指责Maurizio的行为，而且对外维持着正常的夫妻关系，陪伴他出席公开场合的活动。Maurizio一方面想要自由，一方面又难舍亲情，他们有过一些和解的尝试。1985年的圣诞节，Maurizio和家人约定像往年一样一起度过。

Patrizia没想到这个她势在必得要挽回丈夫的圣诞聚会，却成为了压倒骆驼的最后一根稻草。她送给丈夫的圣诞礼物极其精美和昂贵，是镶着钻石和蓝宝石的袖扣，然而丈夫送给她的礼物却让她失望——他的游艇钥匙链，还有一块古董手表。Maurizio知道他暴发户出身的妻子一向不懂得欣赏经典，只喜欢现代货。所以他告诉妻子，这是他母亲留给他的为数不多的几样遗物之一。Maurizio的母亲对他有多么重要的意义连我们这些围观路人都知道，他大女儿的名字就是母亲的名字，这块表的意义不言而喻，但是Patrizia丝毫没有领会到，而且控制不住脾气地和Maurizio大吵了一架。

拂袖而去的Maurizio终于说出了让Patrizia崩溃的四个字，"我要离婚。"Patrizia说："我永远都不会跟他离婚的！我可不会不在乎，他永远是我的丈夫，永远是我孩子的父亲。"她用不让Maurizio见女儿来要挟丈夫不要离婚。Maurizio的反击则是断了她的经济来源，黑卡、别墅、游艇、劳斯莱斯都离她远去，他知道她不得不妥协。

Patrizia有生以来没有工作过一天，她曾经在2011年就获得了假释机会，然而她拒绝假释，因为她在监狱中反而不用操心如何生活，她说："我一生中从未工作过一天，如今也不打算开始。"

Maurizio在花费六年时间和无数律师费之后，总算把婚给离了。他虽然坚决要离婚，但是并非无情的人，他每年给Patrizia50万美金的生活费。此外，他还继续供养两个女儿。然而陷入经济危机的Gucci却无法让他像以前那样按照家人和自己所习惯的生活方式去供养他们。上世纪90年代的每年50万美金，对普通人来说已经是难得的财富，然而对于Patrizia来说则是不折不扣的侮辱。

灵媒Pina Auriemma在法庭上交代：她接受Patrizia给的150万美元来筹划这次谋杀，她通过老朋友Ivano Savioni的关系，由他安排接应者——西西里人Orazio Cicala负责驾车，行凶者则是Benedetto Ceraulo。而Patrizia则辩称，她是受了Pina的挑唆才这么做的，但是警察发现了更多的证据。

Patrizia在日记里写满了她对前夫的仇恨和自己的痛苦，Maurizio遇害当天，她在日记中重笔写了两个字——天堂，并框以黑边。此前一周的日记中，她写了不少奇特的话，"毫无疑问，没有买不来的罪行。""他值得我花掉每一个里拉（里拉是意大利进入欧元区之前使用的意大利货币）去看他是怎么死的，但他的价值不会比一个里拉更多。"法庭最终认定Patrizia才是主谋，判决入狱29年（后改判为26年）。

之后他们的两个女儿开始主攻法律专业，一直在为了证明"我妈没杀我爸"而积极奔走。她们在重审时试图以1992年Patrizia罹患脑瘤并接受脑部手术影响了她的人格为理由，要求重新审理该案。欧洲人权法院于2005年6月在裁决中驳回上诉。**"真相是时间的女儿，所以我需要时间。"**Patrizia始终认为自己无罪。

2014年出狱的Patrizia依然是语不惊人死不休，她甚至表达了重回Gucci的愿望，"我梦想着回到Gucci，我仍然爱着Gucci。并且我也有这个资格——多年来我穿梭于世界各地购物。我从珠光宝气的世界中来，现在想要回到它们之中去。"看来，Gucci夫人在坐了十多年牢之后，还是对坐在劳斯莱斯里哭的志向充满了执念啊。

本文参考书目：《古驰战争——被谋杀的时尚帝国》《家族企业治理：沙发上的家族企业》

性感无罪，当女孩穿得像个女孩

　　莱温斯基又回来了，其实"拉链门"之后的17年里，她从来没有完全淡出过人们的视线，她创立过一个手袋品牌，而且参加过真人秀节目。但是"荡妇""轻佻的小妞""愚蠢""小胖胡椒罐"等侮辱性的外号形影不离，而她似乎也默认了这些外界的评价。直到今年，41岁的她站到了TED讲的演讲台上，她说，"感谢你们的光临，"接着又说，"感谢你们反对女人和女孩成为性事件中的代罪羔羊。"18分钟的TED演讲获得了长时间地起立鼓掌，其标题或许是她人生最好的总结——《耻辱的代价》。

第一次听说莱温斯基这个名字的时候，我刚上初中。24岁的她对我来说已经是绝对的成年人。看着她丰满的身材、性感的嘴唇和凸显女性身材的着装，几乎立刻就把她和"坏女人""狐狸精"这样的标签挂上了钩。我义愤填膺地想：肯定是她勾引了克林顿，他那么风度翩翩、睿智优雅，更重要的是他还是总统！他想要什么女人得不到，怎么可能看上她，一定是她主动的。

直到现在我才意识到，我的这种想法，和那些认为女人穿得性感就活该被强奸的直男癌言论有什么区别？

与其同时，另一条新闻引起了我的注意。近几年时尚品牌大刮雌雄同体风潮，模糊性别界限的服饰几乎出现在四大时装周的所有秀场。但是从品牌的实际业绩来看，卖得最好的依然是能让女性显得性感的服饰。

Silvano Vangi是意大利电商 Luisa Via Roma 的资深买手，他在接受媒体的采访时说，"时尚的潮流每年都在变化，但女人们对性感服装的消费每年都在增长。Balmain（巴尔曼），Anthony Vaccarello（安东尼·瓦卡莱洛），Givenchy（纪梵希），Saint Laurent（圣罗兰），Dolce &Gabbana（杜嘉班纳），Zuhair Murad（祖海·慕拉）的性感风服饰依旧是卖得最好的商品。"

我不会像激进的女权主义者那样认为这是男权社会对女性压

迫的体现，更不会认为"性感"这个词是物化女性的象征。与之相反，我认为张扬女性性别特征的服饰卖得越好，正是社会愈发开明、价值追求愈发多元化和两性关系愈发平衡的体现。

早有科学家研究表明，女人裙子的长短就是经济发展的晴雨表，古今中外概莫能外。经济飞速发展、国力强盛的黄金时代女人的裙子会变得越来越短，用料也会更加轻薄，色彩明亮饱满，想想我们的唐朝，与之相对应的也会给女性更多的社会公共权力和空间；而经济萧条的年代，女人的裙子就会越来越长，款式也趋向于保守，色调偏低沉，想想裹得严严实实的明清时代。

当一个人口增长过快的国家经济衰落、就业机会减少的时候，男权社会的劣根性就会体现出来。他们会提高对女性的道德要求，把女性的身体当成一切堕落腐化和犯罪滋生的原因，以此彻底地禁锢她们的身心，剥夺她们和男性平等竞争的权利，确保她们作为男性和家庭的附庸而存在。

千百年来，男人对女人的要求其实一直都没有进化过，就是，你的存在价值体现在以我为中心，为我服务，屈服我为你设立的价值体系。不然，你就会被打压，被排斥，被视为异端邪说。女人如果在做一个温柔的情人、善解人意的妻子或是慈爱的母亲之外，还有什么别的梦想和目标，是不被尊重，也不被允许的。

因此我们看到，塔利班、基地组织和现在的ISIS（伊斯兰国）都要求女性穿着长长的罩袍，她们不能工作、不被允许考取驾照，如果没有男性的陪伴，她们甚至不能一个人上街。

身为女人，就是她们与生俱来的罪。

在早期的女权主义者眼中，"性感"这个词是对女性不折不扣的污蔑。她们认定女性是因为其性魅力而被男性所轻视，所以要扭转男性的看法，就要表现得和男性一样。女作家乔治·桑穿马裤、抽烟斗，给自己起了一个男性的笔名，以此来表现自己的特立独行；祝英台和女驸马冯素贞也要女扮男装才能与男性一争短长。

上世纪60年代，西方世界的女权主义者在广场焚烧胸罩，高喊"女人不需要男人，就像鱼不需要自行车一样"。与西方世界价值观南辕北辙的东方大地居然也在做着同样的事情，年轻的女孩把头发剪得和男孩一样短，穿着男女同款的绿军装、蓝布衣，抢着去做男人的重体力活，以累得不来月经为荣，希望以此消灭那条性别的鸿沟，将女孩的性魅力完全抹杀。

正是这种思想的延续，使得很多人到现在都认为性是一件肮脏的事情。在我青春期的时候，被突如其来的发育吓蒙了的少女们将自己笨拙地藏在面口袋一样宽大的校服里，再也不敢在校园里穿裙子。她们用驼背来掩饰日渐隆起的胸部，只因为在体育课上跑步时曾经被同学们捂着嘴指指戳戳。她们那时候怎么可能为自己的女性特征骄傲，怎么可能会认为那是一种美好的魅力，如果那时有人夸她们"性感"，恐怕她们会羞愤地死掉。

我以为十几年后，事情会变得好一些，但我还是太天真了。说两件今年我印象特别深刻的事情。

一件是，"九球天后"潘晓婷参加东方卫视明星舞蹈真人秀节目《与星共舞》，我看的那期节目里，她一直绷着放不开。评委问其原因的时候，她说因为在台下观战的父亲并不支持她来跳舞，认为跳国标要和舞伴搂搂抱抱不是什么正经的事情，而且她当天穿的衣服比较保守，也是父亲选的，"不像其他人的那么暴露。"

另一件是，知乎上有个女孩子问说，她男朋友让她穿黑丝是什么心态？她说父亲从小教育她说那样的穿着打扮是不合适的，所以她觉得男友要求她穿黑丝的行为就好像是在享受别的男人对她产生性幻想一样。

这位少女，满大街的黑丝，如果男人见一个就要因此产生性幻想，恐怕在大街上走一圈就可以精尽人亡了。

当爸爸的都不希望自己的女儿性感，就像男人都希望自己老婆以外的女人性感一样。性感本无罪，有罪的是这个社会对女性美好身体的种种肮脏联想。正如鲁迅先生说的，"一见短袖子，立刻想到白臂膊，立刻想到全裸体，立刻想到生殖器，立刻想到性交，立刻想到杂交，立刻想到私生子。中国人的想象唯在这一层能够如此跃进。"

当西方女权主义已经发展到下一阶段的时候，中国的女性想要展现自己的能力还只能选择掩藏性别特征，表现的和男性一样。所以我从来不认为春哥和曾哥这样中性偶像的走红是社会意识兼容并包的体现。相反，它是天性被扭曲之后的审美移情。女孩子对男性的好奇心和自然而然地性吸引被家长认为是洪水猛兽，因此她们只能退而求其次地移情到具有男性美感的同性身上，这不能不说是一种悲哀。

在西方女权运动澎湃发展的同时，也正是空前追求"天性解放"的时代。与东方清教徒式的压抑所不同的是，西方的女性认为完全主宰和释放自己身体的美，才是对男性的物化审美最好的对抗。比起好莱坞塑造的玛丽莲·梦露式的性感，女人们更愿意效仿昵称为BB的碧姬·芭铎的性感模式。

被称为法国梦露的性感小猫碧姬·芭铎不知在多少男人的绮梦中摇曳，但是她同时也能俘获女人心的秘诀，在于她天真随性的生活态度。她并不热衷于发型和服饰，但她所做的一切都让全世界效仿，继而成为时尚。她的性感从她慵懒的举手投足之间自然而然地散发出来，健康却又让人难以抗拒。

1952年，年芳十八的BB身着无肩带圆点图案比基尼泳装，出演了电影《穿比基尼的姑娘》。她那亮丽、丰满而尚带点童真的女性风姿，令人一见便迷恋。她的性感超出了当时男权世界的尺度，以至于1958年，梵蒂冈甚至展出她的照片作为魔鬼的象征，但这不能阻止她成为性解放思潮的形象代表。比基尼开始迅速蔓延。

那年代有这样一段关于芭铎的评价，"她的举止随便、洒脱，这正是大部分青年的要求。某种程度上，她成了特定的社会现象的代表。青年人，尤其是年轻女子不但学她的衣着、发型，甚至连她走路扭臀的姿态也毫无保留地模仿。"

年华逐渐老去之后，碧姬·芭铎把更多的精力贡献到了慈善事业中，她退出影坛后创建了"碧姬·芭铎基金会"，成为了动物保护事业中最有力的代言人。也许性感的终极意义就是返璞归真，她在以一种优雅的方式变老。相比她所做的事，美貌真的只是一种速朽且不必过多在意的东西。

在梦露和碧姬·芭铎这样的性感尤物淡出人们的视线之后，"回归家庭"的呼喊让轰轰烈烈的女权运动渐渐平静下来，之后很长一段时间的时尚审美都趋向于中性风，女性的洋装像男性西装的拙劣改版，不贴合身体曲线的剪裁和厚厚的垫肩使得每个人都显得像怒气冲冲的亚马逊女战士。

直到麦当娜的横空出世。1990年的Blood Ambition或者说尖锥胸衣是麦当娜最为iconic的标志。金发女郎，尖锥胸衣，美艳性感与危险并存，女性当智慧和自强。这是麦当娜区别传统好莱坞梦露时代的分界线。

Jean Paul Gaultier（让·保罗·高提耶）曾这样评价麦当娜，"哪怕她有违潮流，其实也'有为'，因为她又创造出了一种新的潮流！"如此看来，她们在穿衣之道上惺惺相惜。据说，Jean Paul Gaultier每一次时装发布会，总会播放麦当娜的音乐，而这件由麦当娜首穿的锥形胸衣，也将内衣外穿的风潮延续到了今天。

麦当娜让男人们痴迷疯狂，却从不受控于谁。她高高在上，供他们顶礼膜拜。她敢于将自己赤裸出来，让世人臣服。但请记住，不是因为男人们想看，而是她想给他们看。欲望是她的俘虏，崇拜不过是她的猎物。

模仿也是一种继承，无论在娱乐圈还是时尚圈，对麦姐和锥形胸衣的模仿从未停止。在2010年发行的第十一张录音室专辑《Aphrodite》上凯莉·米洛公开致敬麦当娜，在宣传照上穿着20年前麦当娜风靡一时的锥形胸衣。

被称为麦当娜2.0的Lady gaga又怎么会错过这一传奇造型，普通的穿了不过瘾，她还用一件镶满铆钉的紧身胸衣为我们上演了一出令人瞠目结舌的"双胸喷火"。媒体称，"惊悚程度绝对堪称前无古人，且如此高深的抢镜功力估计也难有后来者了。"

但是我们不排除她是受了《国产凌凌漆》的启发。

高缇耶也从未停止对锥形胸衣和内衣外穿的执着。在他的设计中，每一年几乎都能找出重新改良锥形胸衣的设计和Bra外穿元素。

麦当娜提出的Girl Power（女性力量，认为女性应主宰自己的事业和生活的观念）影响了几代人，辣妹、小甜甜布兰妮、克里斯蒂娜·阿奎莱拉、麦莉·塞勒斯都是Girl Power的忠实拥趸，她也因此彻底改变了女权主义的观念。

虽然她说自己从来不是什么"女权主义者",除了在2013年后,极力倡导艺术自由外(Art for Freedom),麦当娜从不推崇任何极端运动。但是不可否认,麦当娜传承了女性美。她几十年来的表现都在告诉这个世界,女性可以强势霸气,但也不会因此失去女性天生具有的美艳性感。

之所以"雌雄同体"能和"性感"的风潮并行不悖,也说明当今多元价值取向的社会使得女性在穿衣上自由度更高、可选余地也更多。她完全可以选择男性的服饰来展现自己的另类性感,而不是将之作为一种性别政治观念的表达,或是一种抗议的手段。

她选择的初衷,可以完全建立在这件衣服是否能让我变得更美的基础上。

"雌雄同体"近年来给时尚界的最大贡献是,人们开始不再分辨和在意"这是否是异性穿的服装"了。反正高跟鞋最早也是太阳王路易十四穿的,现在反而成为了女性的专属,说明女人只要觉得这东西能完美展现自己的身材,才不管它原来属于哪个性别的呢。

随着女性对"性感"这一概念地不断改变，现在设计师在强调剪裁的比例、线条的基础上，也会为"性感"逐渐融合更多的力量。Judd Crane说："Givenchy的2015春夏款就是将性感和力量相融合的典范，Alaïa这个品牌在这方面做得也很出色。"**当女孩穿得像个女孩，说明她更加自信。她所要超越的不再是男性，而是过去的自己。**

如果上帝是个女孩，那请她保佑这个世界上的女孩都可以穿得像个女孩，而不会因此遭到非议和迫害。

Find
what you love
...

Part 4

时　尚

时 间 针 脚
里　的　美

戴墨镜，最快提升颜值和逼格的方法

在层出不穷的明星街拍、路透和接机照中，不用统计也知道，出镜率最高的一件单品肯定是太阳镜。无论男女老少，只要是个腕儿，太阳镜就是他们的出街标配。不但显得很酷很神秘很有范儿，更主要的是太阳镜简直就是素颜和旅途劳顿时的大救星。不想被媒体写成"一脸疲惫毫无星味"的话，只需要用一副太阳眼镜和一支艳色的口红，就可以打造出光芒四射的巨星气场。

明星们都应该感谢太阳镜这项伟大的发明，否则想要将自己的脸故弄玄虚地半遮半掩且还能提高整体颜值的道具，就只有中世纪淑女们用来遮挡面容的扇子还算差强人意了。

当然，扇子比起太阳镜来说，功能略有不同，拿在手上可以故作风雅地扇风，还是和闺蜜八卦情人调情的一把大杀器。中世纪的贵妇画像中，扇子是出镜率最高的单品，就跟现在的太阳镜似的。

论打造神秘感和距离感的话，扇子还是比不上太阳镜，毕竟眼睛才是心灵的窗户，一个人的精神状态和所思所想，是可以通过眼睛传达出来的。所以传说最早使用"太阳镜"的人，是"上位者"罗马皇帝尼禄，也就可以理解了。据说生性残暴的暴君尼禄尤为热衷于观看角斗士的表演，在没有任何遮阳措施的露天竞技场里观看表演时，尼禄习惯佩戴一片经过抛光的翡翠来抵挡刺眼的阳光。

另据古罗马著名作家老普林尼（Gaius Plinius Secundus）在书中记载，透过绿色的翡翠尼禄可以观看到"更加色彩斑斓的残酷场景"，而且周围的观众绝对无法从尼禄的表情中猜到这位喜怒无常的帝王会让落败的角斗士是生是死（在角斗士的生死竞技中，胜负已分时，战败者的命运由场上最尊贵者裁决。如果裁决者拇指向上，表示败者勇气可嘉，虽败犹荣，给予他下次再战的机会。反之，拇指向下代表败者是个没用的懦夫，没有存在价值，那时胜者就会毫不留情地杀掉对手）。

遮阳加掩饰神情，当时尼禄佩戴翡翠镜片的目的已经和如今人们佩戴太阳镜没有什么太大区别了。难怪这两年镀膜的光面苍蝇镜再度风靡全球。就我个人来说，戴着Ray-Ban的反光太阳镜就可以无拘无束地打量别人，还可以毫无心理负担地翻白眼。嗯，很爽。这也是我为什么坚持要做近视矫正手术的原因啊，终于可以戴太阳镜了。

我们时髦的老祖宗们也没有放过太阳镜的妙用，金末刘祁记述金朝史实的私家著作《归潜志》中记载，当时衙门的官员，几乎人人佩戴用茶色水晶制成的太阳镜，但其目的不是为了遮阳，而是凸显官威。有了太阳镜这个道具，官老爷们在听取供词时，他人不能从他的眼神和表情中判断他会站在哪一边，也就不敢轻易欺瞒了。

但是太阳镜在之后的很长一段时间淡出了人们的日常生活，直到20世纪早期，带有矫正度数的有色太阳眼镜都只是给视力不佳的人群使用，作为一种实用的辅助工具存在于人们的日常生活中，就像拐杖一样。正如谁都不会觉得拐杖时尚一样，在很长的一段时间里，太阳镜跟时尚也没有半毛钱的关系。

直到1929年，美国人山姆·福斯特（Sam Foster）在大西洋城卖出了第一副Foster Grant品牌的太阳镜时，人们才对太阳镜有了"视力矫正工具"之外的认识。

早期Foster Grant的广告，是把太阳镜作为在海滩度假必备的单品来进行推销的。这个思路非常的正确，就像Coco Chanel的设计也是最先在海滩度假人群中获得了认可一样，那个年代到海边度假的人都是有钱有闲阶级，对新的时尚接受度也最高。

不久之后，博士伦公司推出了雷朋Ray-Ban飞行员太阳镜，它有防止眩光的功能，配上墨绿色的镜片，这款眼镜很快就受到了美军飞行员的青睐。在接下来的岁月里，Ray-Ban一直是飞行员们的最爱。这也使得佩戴太阳镜的风潮，从女性很快席卷到了男性。

更爱太阳镜的还是明星们，从20世纪30年代开始，众多电影明星佩戴深色太阳镜的照片出现在了各大报纸杂志上，整日暴露在闪光灯下的明星终于找到了躲避人们探究目光的最佳方法，一副小小的太阳眼镜多少给了他们一些隐私不被暴露的安全感，况且还是提升整体造型气质的好帮手。

Persol的714号和649号墨镜正是因为Steve Mc Queen而闻名于世。这个意大利的太阳镜品牌似乎更受男士们的欢迎，后来的两代007皮尔斯·布鲁斯南和丹尼尔·克雷格都在影片中佩戴过Persol的太阳镜。

和梦露有千丝万缕联系的第一夫人杰奎琳·肯尼迪一直喜欢佩戴超大号镜框的太阳镜，这也是明星们最爱的款式。一下子就把半张脸遮住了，皱纹、黑眼圈、红血丝统统看不到了。

这几年Chloe等品牌卖得最好的超大号镜框太阳镜，延续的就是自杰奎琳开始的这股时尚。

而好莱坞黄金时代的著名女影星琼·克劳馥在30年代佩戴的这种被称为Teashades的小圆眼镜后来成为了摇滚明星们的最爱，因为被约翰·列侬佩戴而广为人知。玩摇滚的就干脆称这种镜框式样为"约翰·列侬眼镜"。一些设计师认为，当时的摇滚明星往往由于纯美学原因而佩戴这样的眼镜，当然，"它也被描述为掩盖大麻反应或眼睛充血时的眼镜"。

琼·克劳馥也是个大名鼎鼎的尤物，她和克拉克·盖博纠缠半生，情人无数，而且还是男女通吃。梦露就曾爆料说琼勾引过她，不过这种事没法证实也没法证伪就是了。

明星们的身体力行是最好的广告，从此太阳镜开始了它的全球征服之路。如今已经发展到，如果哪个号称是国际知名的时尚品牌没有自己的墨镜系列，那都是伪名牌。太阳镜早已和香水、珠宝、手提包一样，成为奢侈品牌非常重视的配饰生产线之一。

我以前一直不咋喜欢暮光女,今年她给Chanel当了代言人之后拍的这个太阳镜广告真的给我秒了,好帅啊!

如果说其他的时尚单品还有过在入时和过时的命运中反复浮沉的话,太阳镜绝对是时尚的宠儿,自从走入日常生活之后就再也没有被喜新厌旧的人类所厌弃。究其根本,还是因为太阳镜本身的魔力比整容还惊人,堪称最快提升颜值和逼格的利器,更何况还不疼,还可以随时换款式,还没那么贵,你说你还折腾着整容干啥!

张爱玲才是真口红达人

前阵子"林更新口红"这样的关联词上了微博热搜,原因无他,大概是每个女孩子都想要一个林更新这样的男友。因为他在一档猜测口红价格的节目里频爆金句,"原来口红那么便宜,就两三百块,那为什么要说女生败家呢?这不是随便买吗?!"

对啊!林更新真是妇女之友!虽说作为消耗品来讲两三百也算不上特别便宜,虽说女人永远不会满足于只有一支口红,虽说女人也不大可能把所有买回家的口红都用完……但是,口红对大多数女人来说,确实是成本最低的满足自己小小梦想的方式了,要不然还真的"伐开心买包包"吗?分分钟把自己搞破产的节奏。

梦露说，"口红就像时装，它使女人成为真正的女人。"口红和高跟鞋应该是每个小女孩最早的性别启蒙，穿上高跟鞋、涂上口红就意味着成为了一个真正的女人，成熟、性感、风情万种。

张爱玲在散文《童言无忌》中写道，"生平第一次赚钱，是在中学时代，画了一张漫画投到英文《大美晚报》上，报馆给了我五块钱，我立刻去买了一支小号的丹祺唇膏。我母亲怪我不把那张钞票留着做个纪念，可是我不像她那么富于情感。对于我，钱就是钱，可以买到各种我所要的东西。"

幼年的张爱玲迫不及待地想长大，她幼时就曾放言："8岁我要梳爱司头，10岁我要穿高跟鞋，16岁我可以吃粽子汤团，吃一切难以消化的东西。"因为长大成人不仅意味着她能够穿高跟鞋涂口红穿奇装异服，更意味着可以做这些事的她，有了掌控自己命运的自由。她可以逃出那个让她窒息的大宅，过上自己想过的生活。

男作家伊北在《流苏与娜拉》一书中写道，"张爱玲去世后，留下遗物不多，最显著的是三样：手稿，假发，口红。写作是安慰内心，假发是抵抗岁月，口红则是展现给世界的一抹亮色——出门走走，好歹对得起路人观众。"

张爱玲的口红都是艳色,她皮肤很白,所以喜欢"血盆大口"的效果。她的遗物中最多的就是口红,CD的几款经典口红,张爱玲都在用,另外还有雅顿、倩碧等品牌。祖师奶奶到老,也是时髦先锋。

《半生缘》里蒋勤勤饰演的顾曼璐大概是最符合张爱玲妆容审美观的,乌发雪肤,爱司头,大红唇,处处展露着上海女人时髦精致的派头。

性子一向清冷的张爱玲几乎把自己对生活的所有热情都寄托在口红之上了,她对口红的态度就是窥见她欲望的一道小口,她的欲念之光,她的生命之火。

她写香港沦陷之后和炎樱那些古怪的行为,"我记得香港陷落后我们怎样满街地找寻冰淇淋和嘴唇膏。我们撞进每一家吃食店去问可有冰淇淋。"年轻时第一次读觉得这二人简直是不可理喻,外面都战火纷飞了,你们想的还是冰淇淋和口红?简直是安心做亡国奴的样子!

年岁渐长,对世事多了些感悟,方才领悟到,在动荡的年代能将一颗心保持在日常生活的状态,才是最难得的大智慧。

去年巴黎爆炸案之后,《纽约时报》写了一段话,"法国有一切宗教极端分子仇恨的东西,从一连串琐碎的小细节中感受生活的乐趣。每个早晨咖啡和羊角面包散发的清香,街头漂亮的女郎尽情飞扬的裙角,朋友相聚小酌的美酒,恰到好处的香水味……"

无论面对怎样的暴徒和恶行，只要被压迫的人们没有在战栗之中丢失掉对生活细节的追求，那他们就永远不会丢掉对未来的希望和对自由的渴望。正如法国人民对抗暴恐分子的方式是继续在露天咖啡厅闲坐而不是躲在家中瑟瑟发抖一样，张爱玲对抗战争的方式，就是用对口红和冰淇淋的渴望来消解对炮弹横飞的恐惧。

只要还有口红可以用，有冰淇淋可以吃，日子再难还有什么过不去的呢？就算没有了，我们还能靠着渴望支撑下去，这些平日里打个嗝哨就会忘记的感官温暖，反而比人们惯常用来穿江渡河的理性之桨更能给人以慰藉。

张爱玲发表的小说中常常可见她自己绘制的插图，女主人公面部最常见的特征，就是一张诱人的红唇。

我有一个独自来北京打拼的朋友，因为学历普通、工作经验也不多，刚来北京的时候日子过得极其落魄，常见的状态就是在不断找便宜的房子搬家。为了攒钱她连200块一篇的约稿都写，但是她整个人还是过得美滋儿的，因为每次额外收入超过一千块的时候，她就会去商场买一支口红奖励自己。

尽管她的衣服鞋包都是淘宝买的，尽管她忙得经常只能素面朝天，尽管她经常被忙碌的工作和狂躁的老板压榨得要崩溃，但是只要她往嘴唇上抹上一抹口红，那就是属于她的片刻魔法时光了。日子好像不那么难挨了，生活好像又充满了希望，连带着这个陌生的城市，都变得梦幻和可爱起来。

无独有偶，战乱频仍经济萧条的20世纪40年代，反而是口红发展历史上的里程碑。1946年全球卖出了一亿九千万支口红，光是美国女性就花了两千九百万美元购买口红，她们消耗掉的口红足有五千吨。

这固然有"口红效应"（每当经济不景气，人们的消费就会转向购买廉价商品，而口红虽非生活必需品，却兼具廉价和粉饰的作用，能给消费者带来心理慰藉）的因素在作怪，但是更因为当时的女性认为口红可以改善因恐惧和营养不良带来的坏气色，看上去不仅脸色好，心情也会变得更好一些。

美国对日宣战之后，丹祺口红曾经推出一支名为"战争、女人和口红"的广告，广告语道出了口红的神奇力量，"可以让女人拥有一副勇敢的面孔"。

20世纪40年代的丹祺口红现在看来颜色也很美，唇形是那个年代流行的性感的心形嘴唇。《色戒》中王佳芝的唇形就是这么画的，汤唯的妆容总体来说都很还原时代风情。

丹祺（Tangee）这个美国品牌与蜜丝佛陀一样，是第一批生产口红的化妆品品牌之一，尽管现在丹祺风流早被雨打风吹去，上世纪60年代就从商场里消失了。但是在20世纪50年代之前，它都一直是口红界的扛把子。丹祺当时最大的卖点据说是可以随着不同人的唇色而改变颜色，且色泽持久，着水不褪。

它在《申报》上面做的广告，非常详细地阐述了它的特点，"内含神秘变色膏，增加自然美，丹祺在未用前，其色似橘，一经着唇，立变玫瑰色，鲜艳自然，终日不褪，中有香霜，使唇柔润。"持久、不掉色、滋润这些特性，都是早期高级口红的显著特征，或者说主打卖点。在《海上花列传》中，张爱玲还将其中的第九章命名为"小号的丹祺唇膏"，可见她对丹祺的喜爱。

丹祺唇膏当时的广告招贴画：世界上最有名的口红（没有之一），真的是很狂霸酷炫拽呢！民国时期的丹祺口红广告，主要是以文字宣传的形式为主。

全盛时期的丹琪唇膏代言人之一是奥黛丽·赫本。

张爱玲在小说中常常提到各种口红，除了作为人物外形的描述，她更喜欢用口红这样的细节来暗喻口红主人的性格、背景等。人说"闻香识女人"，到了张爱玲这里，则是十足的"观口红识女人"，在她看来，口红和鞋子一样，都是最能暴露一个女人本质的细节，轻易马虎不得。

李安是真的懂张爱玲，如《色戒》里几个关于王佳芝口红的特写镜头，就得了张爱玲的真传。在浅水湾餐厅，王佳芝和易先生一起进餐，王佳芝喝过的玻璃杯口上，有一个特别明显的口红印。

在很多人看来这可能没什么，因为现在的大牌口红也难免会粘杯，但是易先生看到之后，就意味深长地说了一句话，"留心的话，没有什么事是小事。"暗示着当时稚嫩的王佳芝就已经暴露了，为什么呢？自然是因为这看似性感的小小口红印。

张爱玲在《留情》里写过淳于敦凤在亲戚家喝茶，"看见杯沿的胭脂渍，把茶杯转了一转，又有一个新月形的红迹子。"便皱眉头，因为她的"高价的嘴唇膏是保证不落色的，一定是杨家的茶杯洗得不干净，也不知是谁喝过的。"

而王佳芝伪装的身份是富商妻子麦太太，按理说她应该用的也是持久不落色的高级唇膏，但是她的口红印清晰地印在了杯沿上。再退一万步说，如果她是习惯出入上流社会的淑女，那么她也应该会及时地将杯沿的口红印不着痕迹地抹掉，方才符合这个阶层人群的优雅做派，否则就太失礼了。但是这些东西，王佳芝统统都是不知道的。

张爱玲在《创世纪》里写过那种劣质口红，衰落的大家族后人"潆珠用的是一种劣质的口红，油腻的深红色"，那种口红是呆板的暗红，油汪汪地浮在嘴上，还极易褪色。她在药房里上班贴补家用，只好"现在每天都把嘴唇搽得很红了"。对她有好感的毛耀球想送她点好的化妆品，但"他只注意到她不缺少口红这一点，因此给她另外买了别的。"

不要说这位毛先生是不懂化妆品的纯直男，只不过他的社会身份和地位让他不足以像易先生那样辨别女人嘴唇上口红的好坏，他不过是个有一爿店面的小康阶级罢了。这个细节一写出来，潆珠身上那种"只是一点解释也没有的寒酸"便愈加鲜活起来。

彼时高级口红的广告一定是在强调颜色的鲜艳、上妆的持久，以及膏体的滋润度。

口红当然不仅可以区分阶级，还可以暗示性格。《琉璃瓦》里的曲曲"蹲在地上收拾着，嘴上油汪汪的杏黄胭脂，腮帮子上也抹了一搭。她穿着乳白冰纹绉的单袍子，粘在身上，像牛奶的薄膜，肩上也染了一点胭脂晕。"杏黄那样少女气十足的颜色，小儿女的娇憨情态跃然纸上。

《沉香屑·第一炉香》里葛薇龙那个吃人不吐骨头的姑妈，甫一出场便是，"毕竟上了几岁年纪，白腻中略透青苍，嘴唇上一抹紫黑色的胭脂，是这一季巴黎新拟的'桑子红'。"哟，紫红的姨妈色，果然是历代继母恶毒妇人的标配。

当时已有变色口红，在不同的光线下呈现出不同的色彩。比如，1939年出品的Tattoo Black Magic Lipstick在灯光下就是姨妈色。

张爱玲笔下老派女子还是爱用胭脂抹在唇上的多些。《怨女》里的银娣"在手心调了点水粉，往脸上一抹，撕下一块棉花胭脂，蘸湿了在下唇涂了个滚圆的红点，当时流行的抽象化樱桃小口。"

旧式大家女子的装束和妆容可以参考《橘子红了》里的造型。

在三四十年代西方流传过来饱满的心形唇画法之前，女人们普遍用的还是《红楼梦》里的化妆法和化妆用品，"（平儿）看见胭脂也不是成张的，却是一个小小的白玉盒子，里面盛着一盒，如玫瑰膏子一样。宝玉笑道：'那市卖的胭脂都不干净，颜色也薄。这是上好的胭脂拧出汁子来，淘澄净了渣滓，配了花露蒸叠成的。只用细簪子挑一点儿抹在手心里，用一点水化开抹在唇上，手心里就够打颊腮了。'平儿依言妆饰，果见鲜艳异常，且又甜香满颊。"

张爱玲这一生对彩妆和口红的钟爱，兴许来自于幼年对《红楼梦》的痴迷吧。说出来不许笑我，我小时候也试过把院子里的花儿摘下来自制宝玉式天然化妆品，最终的结果当然是被家长扔掉了事。

　　然而一生痴迷口红的张爱玲绝对料想不到，她生命中那个情劫的始作俑者胡兰成，最终却是被一位不用口红的女子收服得妥妥帖帖。

　　胡兰成在《今生今世》里写佘爱珍，是长挑身材，雪白肌肤，面若银盆，但轮廓线条又笔笔分明。眉毛是"极清"，眼睛是"黑如点漆"，眼白如"秋水"，38岁的时候看上去只有28，不擦口红，不穿花式衣裳，夏天只穿玄色香云纱旗袍或是淡青灰，上襟角带一环茉莉花。

　　如此惊为天人的做派，瞬间超越了胡兰成生命中的莺莺燕燕，包括特立独行的张爱玲。在其他多段感情中，胡兰成都是主导者，到了佘爱珍这里，他彻彻底底变得被动，她做生意，开酒吧，开妓院，自己住在福生，留胡兰成一人住在松原町。她的人生并不以谁为转移，她不把他放在眼里，他反而患得患失将她看得重要起来。

　　旧时男女多半都觉得涂口红的女人危险，因为她们前卫时髦，毫不掩饰自己的性别特征，并且忠实于自己的欲望。所以当时延安唯一一个涂口红的女人吴莉莉（史沫特莱的翻译，长得像大S那个）就成为了夫人们的众矢之的，最终被联手"请"出了延安。可是看看佘爱珍和张爱玲的个性，你就明白这不过是无稽之谈，口红只是无辜背锅而已。

在我看来，口红是女人的秘密武器不假，不过作用多半是针对自身而不是对外。我如果没带口红上街，感觉就像没穿衣服一样手足无措。无论出席什么重要场合，只要摸到包包里那支自己最爱的口红，立马觉得信心爆棚，所向披靡。

这样的感受当然不是个例。**香奈儿女士就说过，"心情不好的时候，就再涂一层口红然后出击吧。"伊丽莎白·泰勒则说，"给自己倒杯酒，再抹点口红，你就重新活过来了。"**

一个涂了口红的自己，我个人感觉魅力起码比不涂口红的自己UP10倍，也许这只是我的小小幻觉，但是女人要的不就是这种强大的心理暗示吗？自信永远是女人最好的化妆品，而口红就能给我这样的自信。

男人不懂女人为何要为小小一支口红痴迷，就像女人不懂为什么魔兽能让男人如此疯狂。因为口红和魔兽一样，都不只是一件冷冰冰的商品，它们都是一种情怀，一种生活方式，甚至代表了一种价值观。

所以我不同意伊北说，"口红是展现给世界的一抹亮色。"晚年的张爱玲隐居在美国几十年深居简出绝少见人，口红对她来说，应该是展现给她内心的一抹亮色才对。也就是说，我们热爱口红，更多的不是为了媚外，而是为了娱己。

穆勒鞋，本来就是达·芬奇发明给男人穿的

　　大家都知道，**流行的不一定就是美的，有时候流行就是一种奇葩的丑**。但是，这个真相各大时尚博主是不忍心告诉你的，所以在穆勒鞋（Mules），也就是皮凉拖再度流行的时候，博主们回避了关于它到底丑不丑的问题，一个劲儿地用"很多大牌都推出了Mules新款！""你看明星和时尚icon都在穿！"的理由来说服你吃下这剂安利，他们的潜台词是：丑不丑什么的有什么要紧，流行就是正义啊！

　　Mules这个奇怪的名字也许是来自苏美尔语的"mulu"，意思是室内鞋。或者是拉丁语的"mulleus"，指的是古罗马时期三位最高

法官才有权穿的紫红色的高底礼仪鞋（Calceus）。穆勒鞋的本意是指包裹着脚背不露脚趾只露脚跟的高跟鞋。随着潮流的一次次发展变化，现在也有了露脚趾的穆勒鞋、平跟的穆勒鞋、尖头的穆勒鞋等变体，但是露脚跟是必要条件。

今年流行的穆勒鞋之所以让大部分普通人都觉得吃藕，是因为这一季流行的款式特别的复古，复古到了它最初诞生时的样子——为了方便男人骑马而发明的现代意义上的高跟鞋。

很多人都隐约知道高跟鞋跟太阳王路易十四有点关系，甚至以讹传讹地说他是高跟鞋的发明者。拜托！人类对高跟鞋的热爱哪里有那么晚！早在3500年前，人们就开始用木头加高自己的汗血宝靴了，当然一开始倒不是出于审美的需要想让自己高一些，目的基本上都比较实用。

一种目的就是凸显身份，高跟鞋在很长一段时间里都是权力的象征。古埃及、古希腊和古罗马的贵族阶级、神职人员、法官都会穿着高跟鞋。所以在古希腊的戏剧演出里，演员们也是靠穿着不同高度的鞋子来区分角色的社会地位和在戏里的重要程度。

注意注意注意，重要的事情说三遍！没有对比就没有伤害，机智的古罗马人已经用内增高来碾压平民阶层了。我们现在所熟知的罗马式绑带凉鞋（sandals）其实是奴隶穿的，托迦（toga，是古罗马的特色服饰，由一块长约20英尺的布料缠裹在身体上，一般披在束腰上衣的外面）与calceus（古罗马人穿的一种鞋）鞋是拥有罗马市民权的特有标志。这些服饰都是不允许外邦人穿的，甚至被放逐的罗马人也不允许穿。罗马的各级官吏在任何场合都穿这种服饰，作为其官威的象征。

另一种目的就是防止弄脏鞋和双脚。呃，非常实用的目的。古埃及除了贵族以外唯一可以穿着高跟鞋的平民就是——屠夫。因为高跟鞋可以让他们在滑腻的血水中自由行走而不至于弄脏衣服鞋袜。然后土耳其人把它的跟加得更高了给女人穿，传说是为了防止苏丹后宫里的美女们逃走。嗯，穿上花盆底我看你怎么跑，依然是很实用的目的。

渐渐的这种鞋子流传到了威尼斯，并且在15世纪大肆流行。开始贵族妇女和高等妓女们穿着它也是为了防止水和街道上的杂物弄脏裙摆（中世纪的欧洲街道，啧啧，你懂的），后来大家为了显示自己的地位就把鞋跟越加越高，最高的达到了76厘米！这种无聊的把戏显然平民阶层是无心也无力奉陪的，所以高跟鞋再度成为上流社会和平民阶层相区别的标志。

严格意义上来说，早先的高跟鞋都不能叫作高跟鞋，只能叫高底鞋，因为它是鞋底全部加高的，更像是后世的松糕鞋，这种鞋款被称为Chopins。注意，这已经是穆勒鞋的雏形了，除了鞋底高得跟踩高跷似的，但是皮凉拖的基本造型已经出来了。

让穆勒鞋变成今天大家所熟知的样子，并且让它进入千家万户让男人也为之疯狂的人，不是别人，正是史上最强穿越者，前无古人后无来者的绝顶天才李奥纳多·达·芬奇。这位在中世纪就设计出机关枪、武装坦克车、潜水艇、子母弹、军用降落伞、含呼吸软管以猪皮制成的潜水装，以及被误解为发条车的第一部可程序化行动机器人的跨时代的男人，对于没有美感的高跷式穆勒鞋怎么能忍！

出于军事上的考虑，达·芬奇对高底鞋进行了现在看起来简单至极当时却石破天惊的改造，有史以来第一次有人将原本是一个整体的鞋底变成了两个部分：平面的鞋底和有高度的鞋跟。不要小看这个发明，因为它让鞋底有了起伏，凹陷进去的部分正好能卡住马镫，方便骑士们在高速行驶中也能牢牢地控制住坐骑。

意大利的男人们迅速地爱上了这种鞋，穿脱方便，身高增加，连骑术都变得高明起来了呢！以至于在那些年，意大利每年大部分木材产量都用来制造高跟鞋的鞋底，也依然挡不住需求的增加。

让达芬奇设计的现代高跟鞋风靡整个欧洲的，是和达·芬奇有着深刻渊源的美第奇家族里的传奇人物，凯瑟琳·德·美第奇。这位后来权倾欧洲的法国王太后在14岁的时候，是一只其貌不扬、身高不足1.5米的丑小鸭，她因为政治联姻，即将要嫁给法国奥尔良公爵、后来的法国国王亨利二世。但是和她同龄的亨利当时却迷恋着一位身材高大且已经34岁的御姐黛安娜·德·波伊蒂丝公爵夫人，对凯瑟琳不屑一顾。

这位公爵夫人也是个有名的人物，她就是枫丹白露画派代表画家François Clouet（弗朗索瓦·克鲁埃）这幅名作里的女主人公。这幅画常常被用来说明当时的贵族夫人都是不实行母乳喂养的，这样才能保持乳房的精致小巧。哺乳的事情都被交给了奶娘。

作为一个骄傲的美第奇，凯瑟琳绝对不允许自己在丈夫的情妇面前低下头来。她从达·芬奇设计的高跟鞋中得到了灵感，要求鞋匠为自己制作带4英寸也就是10厘米高跟的鞋子。她穿着这双高跟鞋走进了法国的宫廷，在高跟鞋的魔法之下，她显得身材高挑又体态轻盈。再加上她从意大利带来的香水工艺、美食、艺术等先进文化，矮小瘦弱的凯瑟琳一举征服了法国上流阶层。

如果没有这位意大利来的穿高跟鞋的凯瑟琳，法国人至今引以为傲的时尚文化，绝对不是现在这个样子。当然说达·芬奇是为凯瑟琳才发明了现代高跟鞋的传说是不可信的，最显而易见的理由是，达·芬奇去世的1519年，凯瑟琳才刚刚诞生。

权力带动流行，自古皆然。在贵族时代，人们模仿上流社会的穿戴，就和现在人们模仿时尚icon的装扮是一样的道理。"凯瑟琳的高跟鞋"成为了权势的象征，"well-heeled"（"好"和"高跟"的组合）这个词甚至被直接拿来指拥有权力和财富的人。在法国大革命之前的法国乃至欧洲，高跟鞋是男女都为之疯狂的鞋款。

凯瑟琳的尖头穆勒鞋，显然这个露脚背比较多的款式比这一季的款式看起来更为精致和女性化，这也是接下来近400年穆勒鞋的基本流行款式。

当时的男人们大多穿着太阳王路易十四改造的严密包裹着整个脚面的高跟鞋，看，他并非高跟鞋的发明人，但是红底高跟鞋确实是他的杰作。他也规定，只有贵族才能穿红底高跟鞋，而且全国人民的鞋跟都不能高过国王的鞋跟。

女人们在外出时也会穿着鞋面全包的高跟鞋，但是在日常生活中她们穿得更多的还是穆勒鞋，一直到18世纪，穆勒鞋都是女人们在家中最常穿的流行款式。那个时代的穆勒鞋依然是社会地位的象征，每天都需要出外劳作的妇女是没办法穿这种容易滑倒又不好打理的丝质鞋面的高跟拖鞋的。

路易十五的情妇、洛可可风潮的开创者和守护者蓬巴杜夫人穿的自然是穆勒鞋，这种又窄又弯曲的蓬巴杜式高跟很难用于行走，但是丝毫不妨碍它从法国宫廷流行到整个欧洲上流社会的闺房里。

克里斯丁·邓斯特主演的《绝代艳后》（Marie Antoinette）中很好地还原了路易十六王后玛丽·安托瓦内特浮华的宫廷生活，到处乱扔的穆勒鞋，以及一双乱入的匡威。嗯，我一直不知道导演是故意还是怎的，因为帆布鞋出现于16世纪，最早的流行时间是19世纪，而玛丽皇后生于18世纪，但是那时候不可能有那么好的橡胶，而且这个款式明明就是匡威……

因为其"闺房专用"的特性，穆勒鞋渐渐地就有了些慵懒、私密的性暗示意味，在那一时期的画家笔下可窥见其端倪。

洛可可风格代表画家让·奥诺雷·弗拉戈纳尔的名作《秋千》则将穆勒鞋的性暗示意味表达得淋漓尽致，那只轻佻飞出的粉红色穆勒鞋，简直像是潘金莲砸到西门庆头上的窗杆子。

随着玛丽王后成了断头王后，轰轰烈烈流行了几百年的高跟穆勒鞋渐渐淡出了妇女们的日常生活，而变成了妓女们的专宠，穆勒鞋蕴含的情色意味被进一步加深了。比如，马奈的名作《奥林匹亚》，19世纪穿着穆勒鞋的基本都是失足妇女。

接着勤劳勇敢的美国人民进一步发掘了穆勒鞋的性感和诱惑，穆勒鞋的一种变体——毛茸茸的皮凉拖（The Marabou）和真丝吊带睡裙基本上成为了"闺房之乐"的标配，这种风潮一直延续到现在。如果回家看到你的女票或者老婆这么打扮出来迎接你，这基本上就是赤裸裸的明示了。"先吃饭还是先吃我？"

二战前著名的插画家Gil Elvgren（吉尔·艾尔夫格兰，1914.3.15～1980.2.29）经常给可口可乐、通用电气等公司和杂志绘制画报女郎（pin-upgirls），他笔下的美国女郎有着黄金时代的典型特征，健康、开朗、活力四射，简直是美国梦的实体化。他画过的穿穆勒鞋的俏女郎不要太多哦，而且他都没想过这些画会推动穆勒鞋又一次大规模流行。

Gil Elvgren看来很痴迷于带毛毛的穆勒鞋，你看他把模特的拖鞋直接改造了。

二战爆发之后，荷尔蒙爆棚的美军飞行员直接把Gil Elvgren的画报女郎用在了机头艺术（Noseart）上，一个个穿着清凉、神态诱惑的"索命佳人"就这样随着美军的战机飞向了全世界。

现在想看这种"行为艺术"都看不到了。美军1993年下令，所有飞机上绘制的图案必须是"中性"的。英国皇家空军也宣布禁止绘制"美女"，以避免对女性机组成员不敬。

但是小伙子们的行为帮助穆勒鞋从夜晚的闺房进入到了日常的外出实穿，要知道在1939年，VOGUE（美国时尚杂志）还很严肃地告诫爱美的女性，"在大街上穿着露脚后跟的凉鞋太过露骨。"二战后，人们才能够完全接受在大庭广众之下穿着露出部分脚背、脚趾和脚后跟的穆勒鞋。

从被人接受到大范围流行，中间只隔了一个名字——玛丽莲·梦露。最初梦露穿的穆勒鞋也以闺房毛毛款为主，渐渐地才过渡到了日常。

在穆勒鞋的"日常化"趋势中，梦露功不可没，她选择的穆勒鞋弱化了性暗示意味，以往那些尖头、毛毛、刺绣、水钻、锥形跟等过于女性化的细节已经消失了，简洁的黑白配色，略呈方形的鞋头、强调力量感的粗跟都赋予了穆勒鞋中性的气质——这也是为什么很多人觉得穆勒鞋丑的根本原因，因为它有一种去性别化的朴质感，不太像平常女人们穿的鞋子的样子。

从梦露之后，人们说起穆勒鞋，想到的就是今季流行的那种模样了。几乎每隔十多年，穆勒鞋都会有一波回潮，70年代的歌舞片《油脂》里，奥莉薇亚·纽顿·强穿的就是红色的穆勒鞋和约翰·特拉沃尔塔在草坪上劲歌热舞的，真是高难度的动作。

到了很多人的时尚启蒙《欲望都市》里，莎拉·杰西卡·帕克也穿了很多次穆勒鞋。

前几年莎拉拍卖了几双剧中穿的高跟鞋用于慈善，其中就有一双棕色铆钉Mules，很明显这次的穆勒鞋回潮款式是换汤不换药。

其实穆勒鞋加上一点小细节就会很美，比如1972年意大利版VOGUE刊出过的那一双，尖头鱼嘴、拼色、系带，呼之欲出的女人味。

梦露说："虽然我不知道是谁发明了高跟鞋，但所有女人都欠他良多。"（I don't know who invented the high heel but all women owe him a lot.）嗯，严格说来，在发明、改造、推动高跟鞋流行的每一步，都离不开男人们的参与。我还真心希望他们把穆勒鞋拿过去穿，毕竟那可是达·芬奇给你们设计的啊，不是吗？

最后我要忍不住说句大实话了，今年流行的穆勒鞋不就是高跟趿拉板儿吗？哈哈哈！

一条丝巾的传奇

    自从去年Gucci（古驰）的新任设计总监Alessandro Michele
走马上任之后，无数买买买达人都告诉围观群众说，点缀着纠缠
的藤蔓、怒放的花朵、振翅的飞鸟、美丽的蝴蝶等意象的酒神包
（Dionysus bag）是2016年一定要拥有的It Bag（"一定要拥有的"
包）。飞禽走兽，树木花朵，印花和刺绣的多种表现形式，使得每
一个图案在酒神包上，仿佛都被赋予了生命，这股喷薄而出的生命
力，是如此张扬。

    大家忽然发现原来Gucci也可以那么青春花哨有活力（尽管我
觉得是有点儿过于花哨了，一般人hold不住啊），潜意识的总认为

Gucci是妈妈辈的风格啊。看来之前满大街晃悠的Gucci"双G"Logo的帆布包实在给太多人造成了精神污染，以至于我现在看到这个图案就跟看到了doge脸一样，不知道到底是好看还是难看了……

我只能说，这是大家对Gucci的误解，第一印象害死人啊！Alessandro Michele花花草草的设计风格并非是一种创新。相反，是一种致敬，一种复古，是黄金时代Gucci设计风格的延续。因为早在50年前，Gucci就以一条花里胡哨的丝巾奠定了业内扛把子的地位，那条被命名为"Flora"的丝巾上所绘制的图案从此和竹节包、双G图案、红绿条纹带一起，成为了Gucci标志性的品牌icon。

跟所有经典的诞生一样，Flora丝巾的背后也有一个传（ba）奇（gua）的故事。**奢侈品之所以成为奢侈品，很大一部分原因是它销售的不止是一件商品，更是一个故事，一段历史，一位icon。**促使Flora诞生的不是别人，正是大名鼎鼎的摩纳哥王妃格蕾丝·凯莉。

身为20世纪里屈指可数的怎么排都叫得上号的时尚icon，格蕾丝·凯莉和时尚界的关系，当然不仅仅是一个爱马仕的凯莉包而已。

上世纪五六十年代，丝巾是女士们用来凹造型的必备圣品，除了系在脖颈间这种常规的戴法，她们还喜欢用丝巾来包头。阳光明媚的日子里，头包上丝巾，戴上墨镜开着敞篷车去兜风或者骑马，不仅可以避免发型被风吹得凌乱，还让总体造型多了一股优雅的韵味，而真正让头巾墨镜组合流行起来的，就是格蕾丝·凯莉。

1966年的一天，雷尼尔亲王和王妃格蕾丝到Gucci的米兰总店购物，负责接待这一对贵宾伉俪的，是Gucci创始人Guccio Gucci的三儿子Rodolfo Gucci，对对对，就是那位当过电影明星、第三代Gucci掌门人Maurizio Gucci的帅老爸鲁道夫·古驰。

鲁道夫在二战结束后回归家族企业，一开始他的工作是充当家族吉祥物，没事儿到处巡巡店，接待下VIP客户。你要问为什么，这还不简单，看脸啊！长那么帅的店长一出现，所有高贵冷艳撇嘴挑剔的贵妇都化为绕指柔了好吗！她们像脑残粉一样尖叫，"天呐，您不会是Maurizio D'Ancora（鲁道夫的艺名）吧？您长得和他一模一样！不，比他帅多了！"每当这时，鲁道夫总是嘴角含笑，风度翩翩地微微一鞠躬，温言细语地回答："亲爱的女士，我的名字是鲁道夫，鲁道夫·古驰。"

好好好，你长得帅你说什么都对，我买买买还不行吗！

言归正传，作为家族里的颜值担当，鲁道夫义无反顾地接下了"拍好摩纳哥王妃马屁"这一重任。只要王妃喜欢上他们的一件产品，有事儿没事儿就拿出来穿穿被摄影师拍拍，不比打什么广告有用多了！爱马仕凯莉包的故事他们都听过啊！成败在此一举，Gucci怎么和王妃扯上关系就靠你了鲁道夫！

　　但是情况没有预想中那么乐观。在店里雷尼尔亲王给格蕾丝挑了一个绿色的竹节包，而王妃显然没有看中什么商品，然后两人就准备走了。鲁道夫那个急啊，但是他又不能像导购小妹那样太过殷勤地说"你们再挑挑吧，看好哪个我给你们打八折！"这种营销方式显然不适合财大气粗的王室……

　　于是他在亲王结账的时候，再次发挥他"妇女杀手"的必杀技，用温柔恭敬却又不过分热情的口吻向王妃讲述他也曾经是混过电影圈的，对王妃的演技发自内心地崇拜。今天终于得见偶像真容，他想以一个同行的身份，而不是以一个皮具店店长的身份，送王妃一个小小的礼物。他心里很清楚，如果他以Gucci店主的身份送礼物的话，王妃是不会接受的。

　　格蕾丝被鲁道夫的话打动，不忍心拒绝他的好意，就说："那你就送我一条丝巾吧。"不会过分贵重，又是日常常用之物，分寸拿捏得十分得体，这就是王妃的情商啊！但是，王妃的善意却如一道晴天霹雳劈在了鲁道夫身上。在60年代，Gucci的产品线远不能和今天相比，他们那时候主要做皮具，丝巾基本没有做过。和30年代就开始在丝巾上讲故事，而且新品不断的爱马仕根本没法比。

鲁道夫整个人都懵了，他干巴巴地问："那您想要一条什么样的丝巾呢？"王妃随意地说："嗯？要条带花的吧。"丝巾没有，带花的丝巾更没有了，但是鲁道夫好歹搞清了客户需求。他慢慢回过神来，灵机一动地对王妃撒了个谎："亲爱的王妃，您想要一条带花的丝巾？那真是太巧了！我们刚刚设计了一条这样的丝巾，但是目前还在制作中，店里没有现货。不过我向您保证，等它制作完成之后，您将是第一个拿到它的！"

新技能get√，给鲁道夫的急智点个赞！王妃笑着点点头，估计也没有把他的话放在心里，和亲王一起走了。但是没多久，她真的收到了鲁道夫亲自送来的丝巾——传说中的Flora。在这条由花束、植物和昆虫组成的直径90厘米的大方巾上，运用了超过40种颜色。排成五点梅花形的九束花包括：百合花、石南花、罂粟花、矢车菊、水仙、毛茛、银莲花、郁金香和鸢尾花，而蝴蝶、蜻蜓、黄蜂、蚱蜢和甲虫则点缀在叶子与花瓣之间。最奇妙的是，这条丝巾不论怎么戴，从哪个角度看，都是满满盛开的花朵。

但是严格说起来呢，这条丝巾并不是Gucci设计的。咦，什么情况？接下来我要讲个笑话，你可千万别笑啊。作为一家跨国企业，60年代的Gucci居然既没有专业的设计师团队，又没有成型的产品开发流程……也是给跪了。他们家的所有产品，基本上都源自于家族成员的灵机一动和拍脑门，那个阶段设计新品最多的，勉强可以称之为设计师的家族成员是鲁道夫的哥哥，第二代家族掌门人之一Aldo的儿子保罗Paolo。

保罗最经典的设计就是至今还在臭大街的双G钻石纹帆布包，但是直男保罗显然不擅长应付王妃的设计需求，花花草草什么的我一个直男怎么会懂！小叔你这个惹祸精！去去去，找别人去！自己惹出来的麻烦自己解决！

于是鲁道夫转而求助一位好基友，插画师Vittorio Accornero，请他来设计一条给人一场鲜花盛开的观感，而不只是在边缘点缀些象征性花朵的丝巾。不仅如此，鲁道夫还希望，这条丝巾不仅要有花，更要有丰富的内涵和故事，他可不想输给爱马仕，哼！

鲁道夫为什么会求助于Vittorio Accornero，看下这位大神之前的插画作品就知道了。

Vittorio Accornero不仅善于描绘动植物，而且对各种童话神话也了如指掌，请他来给丝巾设计图案，简直再合适不过了。而他在雷尼尔亲王和格蕾丝王妃的爱情故事中得到了灵感，设计了Flora。

Flora（芙萝拉）本是古罗马神话中花神的名字，她的诞生源于一场强制爱，呃，好羞耻的样子，希腊罗马神话里的男神追求女人的套路都是强奸犯那挂的，大概都是跟着宙斯不学好吧。

西风之神泽菲罗斯（Zephyr）追逐着大地仙女克罗丽丝（Chloris），克罗丽丝企图摆脱西风之神的追赶，但最终没能逃过西风之神的拥抱。这个过程象征着春风对大地的"吹又生"，大地不可反抗，西风即是春风。拥抱之后，克罗丽丝的口中溢出了鲜艳的花朵，纷纷而落，飘在身上形成一件美丽的外衣，曾经一片白色的大地，转眼间已经鲜花盛开，生机盎然。

罗马诗人奥凡提奥斯的《行事历》有这样的描写，"我，昔日的克罗丽丝。如今，人们叫我芙萝拉。" 就这样，花神芙萝拉嫁给了西风之神，结婚以后，泽菲罗斯送给她一座满是奇花异草的园子。春天到来的时候，芙萝拉和她的丈夫亲密地手挽着手在园子里漫步，他们一路上走过的地方百花齐放，绚丽动人。

显然Vittorio Accornero是以花神和西风之神的故事来暗喻王妃和亲王的伉俪情深，嗯，只要我们忘了故事的开始并非你情我愿的话只看结果也是不错的。一出现代版的"借问汉宫谁得似，可怜飞燕倚新妆。"幸好格蕾丝王妃不像杨贵妃那么小气啊，想想被杨贵妃吹了枕头风穿了小鞋的李白。大概是因为西方文化里对花神的印象都很好吧。

古罗马时期的意大利还有花神节，时间是每年的4月28日到5月3日。花神节期间人们欢聚在一起尽情地嬉戏享乐，人们用各种鲜花来装饰自己和动物，集会时有花神出现，往往是手持鲜花的年轻貌美的女子装扮。现在英国的Helston依然保留着这个节日"Flora day"，每年的5月8日男孩和女孩成双成对地走到户外畅快地跳一天"花神之舞"，庆贺春天到来，百花盛开。

也不知道是鲁道夫的这种执着感染了格蕾丝，还是丝巾背后的故事打动了格蕾丝，反正从此之后，王妃便经常佩戴Flora丝巾出现在各种场合，王室成员兼好莱坞传奇影星的双保险身份让这份安利事半功倍，Flora丝巾风靡全球。

Gucci前任设计总监Frida Giannini说她在孩提时就对Flora丝巾记忆深刻，而且有一种特殊的情感，因为那是经常出现在她祖母和母亲身上的图案，母亲会将Flora丝巾作为遗产留给她的女儿。随着

Flora丝巾的走红，Flora图案被Gucci更多地应用到了衣服、手袋、鞋履、配饰等全线产品之中。2009年更推出了同名的香水系列。Vittorio Accornero也摇身一变，从插画师变成了被Gucci家族聘用的布料设计师，为Flora设计了更多迷人的花卉图案。

对王妃的家人来说，Flora的意义远不止一件商品那么简单，它象征着家族里爱的延续。格蕾丝·凯莉的大女儿卡洛琳公主（Princess Caroline）刚成年就穿过Flora图样的衬衫。

而卡洛琳公主的女儿夏洛特·卡西拉吉（Charlotte Casiraghi），则在2011年Gucci庆祝90周年的时候担任了Gucci全系产品的代言人，重现了摩纳哥王室和Flora的渊源。

出生于1986年的这位时尚小公主我觉得是很明显的隔代遗传的受益者，她更像她的外祖母而不是妈妈，为Gucci拍的每一辑广告都美的我想舔屏。她多才多艺，不仅是时尚icon，和老佛爷卡尔拉格斐关系非常好，还是个马术运动员，获得过多项赛事金牌。

夏洛特讲述过Flora图案对她的意义，她在出生前格蕾丝·凯莉已经去世了，外祖母对她来说其实也是个传说中的人物，但是看到陌生人穿着和外祖母有关的图案的服饰，她的内心就会产生一种隐秘的情感联系，好像外祖母从来没有离开，一直存在于这些永远盛开的花卉之中。永远年轻，永远优雅，永远美丽，永远……

要造就一片草原，只需一株苜蓿一只蜂。

一株苜蓿，一只蜂，

再加上白日梦。

有白日梦也就够了，

如果找不到蜂。

——艾米莉·狄金森

一个更懂中国女性的外国品牌

从4月6日晚上开始，我的朋友圈就被一条视频刷屏了，它就是SK-II最新广告片"她最后去了相亲角"，我点开这支不到五分钟的短片，然后哭成了一个傻逼。因为它太懂现代中国女性生活中所面临的种种压力和纠结了。那种感觉，就像是你一个人面对明枪暗箭、流言蜚语都咬着牙硬挺过来了，却触不及防地因为陌生人的一句"你太不容易了"而心底一软，掉下泪来。

视频的开始，是剩女们常常能听到的各种逼婚言论集锦，画面上出现的是她们小时候笑得无忧无虑的照片。如果那个时候女孩子们知道长大不仅要面临就业和工作的压力，甚至连结婚生子都要被排在日程表上催促完成，她们大概都不想长大了吧。

"把自己嫁出去。"

"你一天不结婚，父亲就不死。"

"不要任性，可怜天下父母心。"

画面飞速闪过，小女孩们一点点长大，然后定格在现在。当年笑颜如花的小姑娘们脸上已经被疲惫迷茫的神情所取代，大家都对她们说，"你现在已经是剩女了。"

她们红着眼眶，勉强笑着看镜头，重复着那些来自家人朋友"我这都是为你好"的言论。

"你都多大啦！""还没结婚呐！""你年龄也不小啦！"

他们觉得在中国这个社会，你一定要结婚，这样才是一个完整的女人。而剩女，这些"被剩下的女人"，自然而然地被归为了不完整的女人的行列。

为了让女儿成为"完整的女人"，上海人民广场的相亲角挤满了急于将儿女推销出去的父母们。工作如何、收入多少、有没有房子，将硬性条件一一列好，就像在菜市场里买卖猪肉一样赤裸裸。

虽然女孩们反感这样的"婚姻买卖"，但是当父母搬出孝道这个挡箭牌的时候，她们的反抗都显得充满了政治不正确。

有的母亲甚至认为是自己的女儿不够好不够漂亮，所以才会"剩下来了"。我感觉这样的认知比没有结婚这个事实更打击女儿。

面对各路催婚，剩女们有话要说。

最后，她们决定前往人民广场的相亲角。

她们是妥协了吗？不，她们是想告诉父母，**婚姻和孩子都是人生可选项，不是必选项。她们成为"剩女"，不是因为被剩下了，而是因为在可选项之外，一个人的人生也可以很美好，并且充满了各式各样的可能性。**

同样是选择，结婚和单身都应该获得平等的对待和足够的尊重。"我不想为结婚而结婚，那并不会过得快乐。"

"就算我一个人，也可以是幸福、快乐、自信的，然后好好过。"

希望每个女孩无论嫁人与否，都能活成一个自信、独立、热爱生活的女性，这才是我们人生中最重要的事。

其实看了这支短片之后，我还有一个小小的遗憾，我多么希望能理解我们的是家人和朋友啊，可是他们往往才是我们压力的来源。短片的最后父母理解女儿们的选择，对剩女这个称呼释怀的场景在我看来还是过于鸡汤式的大团圆了，但是敢于迈出为剩女平反的这一步，我就不得不为SK-II点个赞。

同样是拍广告，没想到一个外国品牌比一众国产品牌更懂中国女性。国内大大小小的品牌为了宣传自己的产品，屡次把"逼剩女结婚，逼女性为家庭放弃梦想"当成最佳的广告创意，还将其与孝道、真爱等高大上的名义捆绑在一起，仿佛你要是活得和广告里三从四德的"传统"女性不一样，你就是人人得而诛之的。

那些年让女性们恶心得连隔夜饭都呕出来的广告你还记得吗？

太子妃张天爱成名之前拍摄的百合网的广告名为《因为爱不等待》的，2014年春节在各个电视台播放。

今年我一定要结婚，哪怕是为了外婆……

见着我，她只会说："结婚了吧？"

你孙女才多大啊奶奶！我真没想到啊，一千多年前，梅宗主和萧水牛的太奶奶逮着儿孙就问："成亲了吗？"一千多年后还这样啊！人家是老年痴呆了，你也老年痴呆了吗？

这种逻辑我已经无法再解读下去了。

钻戒品牌 I DO 在今年春节发布的几则广告则让我充分认识到，在恶心人的道路上，一山还比一山高啊。

一开场是两个学生打扮的情侣在天台聊天，男生问女生说："你有什么梦想？"女生刚想开口，男生就抢过话头说："我先说，我希望一毕业就到投资银行工作，三年后，存够钱我就跟你结婚。"女生这时候有点无奈地笑笑。

男生还在继续，"五年后拼一点当上经理，到时候应该就不会太忙了。"画面切换的是女生一脸家庭主妇的样子，为醉倒在卫生间的男生脱鞋……

"八年后，我的年收入应该有50万。"配合的画面是师奶打扮已经发福的女生在忙忙乱乱地送孩子上学，抱着孩子去拥挤的市场买东西。

男生还在叨逼叨，画面里他永远是缺席的，看到的只是女生在陪孩子温习功课、围着灶台忙活、照顾老人，独自承担起打理一个家庭的重任。

当男生终于从自己意淫的梦想里醒过来的时候，他才想起来："你的梦想呢？"女生对着远方大喊："我想成为一个舞蹈家！"没男生规划得那么详细和现实，但是她的声音很大，就像这个年龄的人该有的那样无所畏惧。

接下来她要是喊："所以带着你那个把我变成黄脸婆的梦想离我远一点！"我觉得才是女生该有的态度，但是这广告直接把"她，牺牲了自己的梦想，来成就你的梦想"这行大字打在了女生漂亮的脸上，像电线杆上专治牛皮癣的小广告，而且，居然认为这是个Happy ending，开始强行鸡汤起来。

"有一种幸福叫付出。"呵呵，听起来倒是非常的伟大光荣正确。但问题是，为什么付出的都是女人？为什么女人牺牲了自己的梦想为男人的梦想买单就是理所应当，值得肯定？策划这个广告的直男脑袋里既然一门心思地认为婚姻就是一方为另一方无条件的牺牲和付出，他怎么没想过拍个女生视角的广告？

一样是为了挣钱，为什么有的公司拍出了为剩女这个词平反的广告，有的公司却能拍出这种你奶奶要死了你赶快结婚，不结婚你就是见死不救就是大逆不道的广告？！为什么有的公司拍出的广告是歌颂女人为了男人的一个破钻戒放弃自己的梦想？！

究竟要到什么时候，我们的社会才能学会尊重女性，尊重每个人自由选择他们想要的生活的权利？

之前我曾经与SK-II有过几次合作，撰写文章的主题都是关于

"改变命运"的女性励志榜样，但我只是将其当作工作的一部分而已，从来没有像这样，因为一则视频而打从心底认可和感谢它一直倡导的change destiny的理念。

除了聘请霍建华、汤唯等明星为产品做广告之外，SK-II发布的很多视频都与产品没有直接的关系，他们在世界各地寻访了很多依靠自己的力量改变命运的女性，有的人很有名，有的人默默无闻，SK-II将她们的故事拍下来，放到网上让更多的人看到，也让更多原本觉得孤立无援的女性找到了坚持自己的决心。

2016年SK-II发布了一系列短片，名为《12个故事》。12个已经改变的命运，来自12个不同地方、不同领域的女性讲述了她们改变命运的人生历程。

她们中，有听不到声音的台湾舞者林靖岚，先天患有重度听障的她在妈妈的鼓励下接触舞蹈，但求学过程中四处碰壁。虽然无法听到旋律，但在她对梦想的坚持中，最终学会通过脚底板感受音响震波而翩翩起舞，举凡芭蕾、街舞都难不倒她。三年前她成立了个人舞团，多次受邀公益演出，天生的残疾没有打败她，反而为她开启了另一页精彩人生。

她们中，有韩国拳击手兼演员李诗英，双重职业与梦想并没有压垮她，她用实力应对传媒的流言蜚语，证明自己并不是追逐梦想的作秀者。她是韩国女演员李诗英，也是2013年第24届韩国全国拳击大赛（女子48公斤级组别）冠军，2014年仁川亚运会宣传大使。

她们中，有日本女权团体领导人小酒部沙也加，因职场骚扰而两次流产，她不希望两次流产变得毫无意义，因此全力以赴创建了孕妇骚扰对策网，成为支援组织创办人暨主席，帮助因怀孕而在职场受不公平待遇的女性，最终目的是改善日本人的工作环境，而不单局限于女性。她因此获得美国国务院颁发的"国际妇女勇气奖"。这支短片是12支短片里我最喜欢的。

就像小酒部沙也加说的那样，这个世界上针对女性的不公平不会平白无故地消失，除非所有企鹅变得团结，一只接着一只，向看似无比坚硬的冰山发起冲击。我们必须继续努力，直到问题完全解决。如果我们什么都不做，那么冰山永远不会消融。

她不确定命运是否存在，但愿意冒险。我想会有越来越多的女性，因为看到她们的故事，而成为一只只勇敢的小企鹅。也许一只企鹅的力量微不足道，但是千千万万只小企鹅携起手来，我想终会对这个世界的规则有所改变。

我知道总会有一些冷漠而多疑的人说，这不过是营销手段而已，SK-II才不管你的生活，他们只想要你消费，所以什么观点潜在消费者听着爽他就说什么，转播除了自嗨以及帮SK-II省广告费外并没有什么用。但是豆瓣网友绫濑远的回复简直大快人心！

她说："只要传播的是积极正面的思想，我们心甘情愿。为SK-II增加销量我们也愿意，最好增加到所有人注意到，然后什么美加净啊大宝啊58同城啊超能啊美的啊都能按照这个标准拍广告，哪怕他们是为了挣我们的钱，我们也高兴！"

无论一个人，一个品牌出于什么样的目的去做一件好事、去宣传一种值得普及开来的理论，我们就莫问前因，只看结果。我愿意为每一个好的结果买单，就这么简单。

那些最容易被你忽视的，往往就是最重要的

女明星们接受采访被问及美颜秘笈时的回答总是很官方口吻，"啊？秘诀啊？哈哈，就是要保持良好的心态，多运动，注意饮食的合理搭配，一定要记得卸妆，没事儿就敷敷面膜……"

每次听到这样的话，有不少人都不耐烦地翻白眼了，这么简单的话岂不是人人都能变得很美啦？这种人尽皆知的事儿，怎么可能是秘诀嘛。

可是，事实就是这样啊，看看号称一年敷700多张面膜的范冰冰，有几人能和她比？**人人皆知的秘诀，却不是人人都能照着去做**

的。因为越是简单的事越难坚持，越是基础的步骤越容易被忽视。而那些最容易被你忽视的，往往就是最重要的。

很少有人认识到，美貌是人类身上最容易消逝的天赋了。如果你有别的什么天赋，写作、运动、音乐，一旦有了几乎就会伴随一生，而且越练越好，逐渐递增。

但是美貌这种天赋，却是你再怎么维持都是在递减的。维持美貌需要充裕的金钱、强大的自控力、充足的时间和良好的心境。有的姑娘总说，等我有一天有钱了也好好对待我这张脸。可是钱只是充分非必要条件，后面的三个条件才是最为重要的。

缺乏自控力的人，几乎很少能把天生的美貌维持到三十岁左右。有多少姑娘加班回家或者去夜店归来之后累得直接闷头就睡连妆都懒得卸？有多少姑娘买了洗脸刷美容仪之后却一直闲置懒得用？有多少姑娘连基础护肤都懒得做直接就上彩妆？

有不少姑娘发帖问说自己兰蔻小黑瓶、神仙水、La Mer（海蓝之谜）面霜统统都试过了，为什么这张脸还是没有脱胎换骨令人惊艳呢？仔细看她们的描述才知道，她们大多数都是三天打鱼两天晒网没有坚持用，有时候早上起晚了，胡乱用毛巾抹把脸就出门了。

没有养成良好的护肤习惯，就算你用的化妆品再贵，最后也只能是事倍功半。

仔细想想上面我说的这些问题之后，你还觉得钱是阻碍你变美的最大因素吗？分明是懒啊！

断舍离专家总是在说，要给我们的生活做减法，可是要维持肌肤和身材的良好状态，女人却不得不一再地给自己的生活做加法。所谓精致的女人，往往也是在生活细节上极其较真和麻烦的女人。

我上班的那几年有段时间常常需要出差，基本上每个月都有一半多的时间在外面飞来飞去。同事们每次总是对着我的行李箱长吁短叹，只要一次出差在一个礼拜以上，我必然要拎着一个29寸的巨无霸行李箱出现在机场。他们总是问我说："你到底有什么可带的呀？"

很多人都觉得出门在外就凑合一下好了，不用像在家那么讲究，而我的原则是，除非兵荒马乱万不得已，否则绝不要降低你的生活标准。因为日子无论在家在外，终究是你自己过的，你图省事简化一下，最终感到不舒服的，还是你的身体和精神。

同事们总是把我自带负离子吹风机、MUJI（无印良品）的小香薰机、便携式旅行熨斗、一小套茶具的事儿当笑话讲，但是每每看

284

到我穿着挺括无痕的套装见客户的时候，在酒店房间里敷着面膜喝着茶的时候又会羡慕得不得了，还纷纷向我打听，"为什么你的发质那么好，又顺又亮？"

经历飞机、火车以及换水土的考验，你的皮肤往往比平时还要脆弱，非常容易因为缺水出现细微的干纹，这些干纹如果不及时护理，很有可能就会转化为永久的细纹甚至是皱纹，而这个时候，光靠基础的水乳面霜组合是无法解决这样的问题的，我一贯的对策是用兰蔻小黑瓶精华肌底液。

因为一般肌肤在不健康的环境下无法吸收更多营养，就像人生病一样，本就身体欠佳遇到好吃好喝的根本没胃口吃的好嘛，只有将肌肤调理到一定的健康范围，才能敞开胃口尽情享受。而小黑瓶是我整个面部肌肤系统的"医生"，有它在，就不怕肌肤的状态不够健康。

小时候读王尔德的《道林格雷的画像》时懵懵懂懂并不懂得太多，看到曾经令人惊艳的百合花一般的美少年死在自己年少时的画像面前时，依稀觉得只要做了坏事的人就会变丑的。

长大之后才知道确实如此，丑陋的灵魂会带来丑陋的容貌，灵魂里所有的贪嗔爱恨，都会巨细靡遗地显露在脸上。在爱里长大的孩子脸上不会有被欺负的畏缩样子，常年对人恶语相向的人一脸戾气，愚蠢的人眼神混沌无神，担忧年华老去的人脸上写满了绝望的疯狂。你的心境对你面貌造成的变化，往往比整容还要神奇。那是一种对你整个人气质神态的改变。

　　希望大家都能够珍惜自己的天赋，不管你的起点是高是低，都要花心力去维持，尤其是那些决定你天赋的基础更是如此。不管是谁，都经不起漫不经心的挥霍。

图书在版编目（ＣＩＰ）数据

你须寻得所爱 / 李小丢著 . -- 北京：中国友谊出版公司，
2016. 11

ISBN 978-7-5057-3861-4

Ⅰ．①你… Ⅱ．①李… Ⅲ．①女性－成功心理－通俗
读物 Ⅳ．① B848.4-49

中国版本图书馆 CIP 数据核字 (2016) 第 228580 号

书名	**你须寻得所爱**
作者	李小丢
出版	中国友谊出版公司
发行	中国友谊出版公司
经销	新华书店
印刷	东莞市信誉印刷有限公司
规格	880×1230 毫米　32 开
	9.5 印张　200 千字
版次	2016 年 11 月第 1 版
印次	2016 年 11 月第 1 次印刷
书号	ISBN 978-7-5057-3861-4
定价	38.00 元
地址	北京市朝阳区西坝河南里 17 号楼
邮编	100028
电话	(010) 64668676